电化学储能电站
并网测试与智能运维
关键技术

湖南省湘电试验研究院有限公司
国网湖南省电力有限公司电力科学研究院 **组 编**

余 斌 **主 编**

李 辉 敖 非 邹晓虎 肖俊先 李振文
李 刚 李 勃 谢阿萌 吴晋波 徐 松 **副主编**

中国电力出版社
CHINA ELECTRIC POWER PRESS

内 容 提 要

"双碳"目标的实施、新型电力系统的建设、新能源的快速发展，促进了新型储能电站规模化建设和运营的新阶段。为促进电化学储能电站的安全发展，加强储能从业人员对储能电站并网测试和运维技术的交流和学习，湖南省湘电试验研究院和国网湖南省电力有限公司电力科学研究院组织编写了《电化学储能电站并网测试与智能运维关键技术》一书。本书共 12 章，分别介绍了电化学储能电站发展及应用、组成，并网测试技术，状态巡检和状态评价技术，故障预警技术等，涉及面广，内容翔实，具有较好的参考价值。

本书可供电化学储能电站调试、运维人员使用，也可供电化学储能厂商、供电企业、电力用户相关专业技术人员及大专院校相关专业师生参考。

图书在版编目（CIP）数据

电化学储能电站并网测试与智能运维关键技术 ／ 湖南省湘电试验研究院有限公司，国网湖南省电力有限公司电力科学研究院，余斌主编 . -- 北京：中国电力出版社，2025. 7. -- ISBN 978-7-5198-9970-7

Ⅰ . TM62

中国国家版本馆 CIP 数据核字第 2025B93M05 号

出版发行：中国电力出版社
地　　址：北京市东城区北京站西街 19 号（邮政编码 100005）
网　　址：http://www.cepp.sgcc.com.cn
责任编辑：畅　舒
责任校对：黄　蓓　郝军燕
装帧设计：赵丽媛
责任印制：吴　迪

印　　刷：三河市万龙印装有限公司
版　　次：2025 年 7 月第一版
印　　次：2025 年 7 月北京第一次印刷
开　　本：880 毫米 ×1230 毫米　32 开本
印　　张：11.5　　插　页　1 张
字　　数：218 千字
印　　数：0001—1000 册
定　　价：60.00 元

本书编委会

主　编 余　斌

副主编 李　辉　敖　非　肖俊先　邹晓虎　李振文　李　刚
　　　　　李　勃　谢阿萌　吴晋波　徐　松

编写组成员

熊尚峰	欧阳帆	梁文武	严亚兵	赖锦木	臧　欣	黄　勇
徐　浩	李　理	洪　权	袁赛军	肖雨薇	周　挺	黄海波
韩忠晖	许立强	霍思敏	宁春海	陈　坤	周聪明	李慧姣
刘友元	黄　欢	王　勇	付鹏武	朱　可	章　程	刘佼龙
张建波	姜　维	刘伯鑫	文铖汉	张　维	崔静安	周雨涵
徐玉刚	肖豪龙	谭力民	徐　彪	尹超勇	龙雪梅	罗林波
刘鸿基	龚禹生	刘志豪	丁　禹	欧阳宗帅	王子奕	年秀君
李林山	李燕飞	肖娜敏	吴雪琴	唐倩滔	陈胜春	黄博文
徐　勇	李智琦	袁超雄	谭建国	蒋应伟	肖国骏	曾子豪
车　亮	马德阳	金　阳	陈　玉	许凌云		

顾　问 邱应军　徐　波　刘海峰

前　言

　　能源安全是关系国家经济社会发展的全局性、战略性问题。习近平总书记在中央财经委员会第九次会议上部署未来能源领域重点工作：要把碳达峰、碳中和纳入生态文明建设整体布局，拿出抓铁有痕的劲头，如期实现 2030 年前碳达峰、2060 年前碳中和的目标。要构建清洁低碳安全高效的能源体系，控制化石能源总量，着力提高利用效能，实施可再生能源替代行动，深化电力体制改革，构建以新能源为主体的新型电力系统。在高比例可再生能源场景下，对于能源的灵活性需求随之将会大幅增长。在此背景下，储能作为优质的灵活性资源，如何为系统提供可靠、高效、安全以及优质的灵活性服务，将是一个重要课题。电化学储能在电网侧正处于发展初期，还在工程示范阶段，相关技术需要重点加大力度普及推广。

　　鉴于电化学储能建设劲头正盛，源网侧储能电站如雨后春笋涌现，相关从业与研究人员所能参考的现场资料寥寥可数，给工程建设、运维管理、技术开发造成了极大困扰。值此严峻形势下，国网湖南省电力有限公司电力科学研究院、湖南省湘电试验研究院有限公司牢记使命，奋勇当先，结合湖南源网侧储能电站建设、运维经验，组织编写《电化学储能电站并网测试与智能运维关键技术》一书，以期为推动储能行业进一步发展贡献力量。

本书受到国网湖南省电力有限公司电力科学研究院、湖南省湘电试验研究院有限公司科研资助，得到湖南省电池储能电站工程各参建单位、高等院校，特别是浙江南都能源互联网有限公司、长园深瑞继保自动化有限公司、国电南瑞南京控制系统有限公司、郑州大学、湖南大学的大力支持，同时对本书所引用公开发表的国内外有关研究成果的作者、各制造厂家生产装置中公开发表的技术成果的作者，在此一并衷心感谢。

由于时间和精力有限，书中难免有不妥或纰漏之处，恳请读者批评指正。

编者

2024 年 10 月

目　录

1

电化学储能电站概述

2020 年 9 月 22 日，中国在第七十五届联合国大会上郑重宣布将提高国家自主贡献力度，二氧化碳排放力争 2030 年前达到峰值，努力争取 2060 年前实现碳中和。做好碳达峰、碳中和工作，不仅是中国政府向国际社会的庄严承诺，也是中央经济工作会议确定的 2021 年八大任务之一，更为构建清洁低碳、安全高效的能源体系提出了明确时间表。2021 年 3 月 15 日，习近平总书记在中央财经委员会第九次会议上部署未来能源领域重点工作：要构建清洁低碳安全高效的能源体系，控制化石能源总量，着力提高利用效能，实施可再生能源替代行动，深化电力体制改革，构建以新能源为主体的新型电力系统。在高比例可再生能源场景下，对于能源的灵活性需求随之将会大幅增长。在此背景下，储能作为优质的灵活性资源，如何为系统提供可靠、高效、安全以及优质的灵活性服务，将是一个重要课题。

1.1 基本概念及特点

根据 GB/T 44133—2024《智能电化学储能电站技术导则》，电化学储能电站是采用电池作为储能元件，可进行电能存储、转换及释放的电站。

相比较抽水蓄能等其他储能方式，电化学储能电站具有以下特点：第一，响应速度快，毫秒级时间尺度内实现额定功率范围内的有功、无功的输入和输出；第二，精准控制，能够在可调范围内的任何功率点保持稳定输出；第三，具有双向调节能力，既可以充电作为用电负荷，又可以放电作为电源，具有额定功率双倍的调节能力；第四，电化学储能电站技术相对成熟，建设周期短，能够快速响应应用需求；第五，设计灵活、配置方便，采用模块化设计，基本上不受地理条件的限制。正是由于电池储能技术具有上述特点，使得其在电力系统中广泛应用于平抑新能源出力波动、提高电能质量、削峰填谷、调峰调频、提高供电能力、提高孤立电网稳定性及作为应急备用电源提供供电可靠性等多个方面。

1.2 在电力系统中的需求与应用

随着储能技术成熟度不断提高，其成本空间和利润空间也被不断挖掘，在储能相关政策持续出台的支持下，包括锂离子电池储能、铅蓄电池储能和钠硫电池储能等技术都在各自领域开展了商业化探索。电化学储能电站在电力系统中的需求与应用覆盖了电力生产、传输、消费的全过程，包括电网输配与辅助服务、可再生能源并网、分布式及微网以及用户侧各部分等，见表 1-1，可进一步归纳为储能电站在发电侧、电网侧、用户侧的应用，如图 1-1 所示。

表 1-1 储能电站应用场景

应用场景	作用	储能规模	
		低值	高值
可再生能源并网	平滑输出	1kW	500MW
	多余电能存储	1kW	500MW
	即时并网（短时）	0.2kW	500MW
	即时并网（长时）	0.2kW	500MW
电网辅助服务	电网调峰	1MW	500MW
	调频辅助	1MW	100MW
	加载跟随	1MW	500MW
	电压支持	1MW	10MW
	黑启动	1MW	500MW
电网输配	缓解输电阻塞	1MW	500MW
	延缓输配电升级	250kW	500MW
	变电站备用电源	1.5kW	500MW
分布式及微网	基于分布式电源储能	1kW	50MW

续表

应用场景	作用	储能规模	
		低值	高值
用户侧	工商业削峰填谷	100kW	500MW
	需求侧响应	50kW	10MW
	能源成本管理	1kW	1MW
	电力服务可靠性	0.2kW	10MW

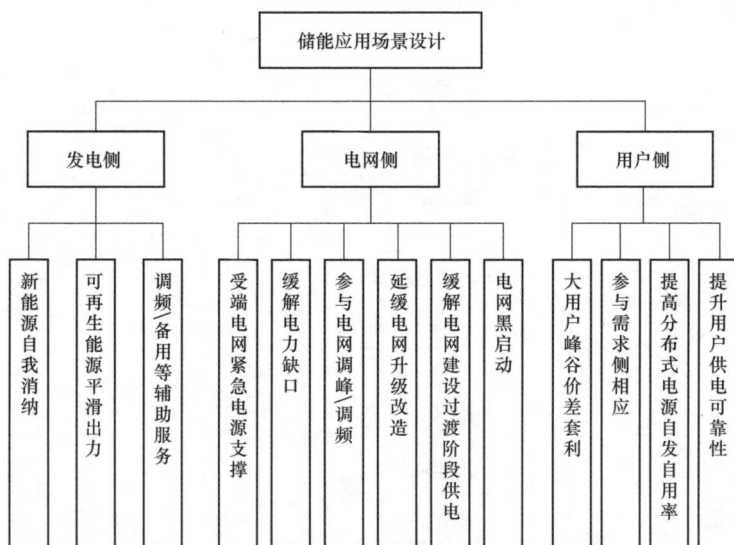

图 1-1　储能应用场景

1.2.1　在发电侧应用

　　储能电站在发电侧的应用主要包括新能源自我消纳、可再生能源平滑出力、调频/备用等辅助服务，解决"弃光、弃风"问题，改善电能质量。我国能源供应和能源需求呈逆向分布，风能主要集中在华北、西北、东北地区，太阳能主要集中在西部高原地区，而绝大部分的能源需求集中在人口密集、工业集中的中、东部地区；供求关系导致新能源消纳上的矛盾，风光发电企业因为生产的电力无法被纳入输电网，而被迫停机或限产。据国家能源局统计，我国弃光、弃风率长期维持在4%以上，仅2018年弃风弃光量合计超过300亿kWh。电化学储能技术能有效帮助电网消纳可再生能源，减少甚至避免弃光弃风现象的发生。风光发电受风速、风向、日照等自然条件影响，输出功率具有波动性、间歇性的特点，将对局部电网电压的稳定性和电能质量产生较大的负面影响，电化学储能技术在风光电并网的应用主要在于平滑风电系统的有功波动，从而提高并网风电系统的电能质量和稳定性。

维持电网的稳定性和可靠性离不开备用容量的支撑。备用容量的主要作用是在电网正常运行所需的发电出力意外中断时，可快速提供负荷所需电能，保证电力系统稳定运行。通过储能等方式提供备用容量被称作辅助服务，一般来说，备用容量应达到正常供电容量的15%~20%。储能电站用作备用容量时，其发电设备必须处于运行状态且可及时响应调度指令。与电网调峰不同的是，用于备用容量的储能电站主要是进行放电操作，需要随时做好响应准备，以保证在突发功率不平衡情况下系统的频率稳定。

1.2.2 在电网侧应用

储能电站在电网侧应用主要包括参与电网调峰/调频、受端电网紧急电源支撑、缓解电力缺口、延缓电网升级改造、缓解电网建设过渡阶段供电、电网黑启动等。以参与电网调峰为例，储能电站在电网不同工况下可以作为电源输出功率或是作为负荷吸收功率。与可再生能源自我消纳类似，电网可以利用储能装置在负荷高峰时期放电，在负荷低谷时充电，从而达到改善负荷特性、参与系统调峰的目的。储能电站直接受省级（或地区级）电网调度控制，省调（或地调）根据该母线发电出力、负荷曲线以及实时母线电压、频率等情况，控制储能电站的充电和放电，从而达到调峰的目的。

储能电站电网侧应用的补偿费用普遍由发电厂均摊，具体盈利机制各地方有所不同。发电企业因提供有偿辅助服务产生的成本费用所需的补偿即为补偿费用，国家能源局南方监管局在 2017 年出台了《南方区域发电厂并网运行管理实施细则》及《南方区域并网发电厂辅助服务管理实施细则》，两个细则制定了南方电力辅助服务的市场补偿机制，规范了辅助服务的收费标准，为电力辅助服务市场化开辟道路。

1.2.3 在用户侧应用

储能电站在用户侧的应用主要包括大用户峰谷价差套利、

参与需求侧响应、提高分布式电源自发自用率、提升用户供电可靠性等。其应用场景包括充电站、工业园区、数据中心、港口岸电、岛屿、医院、商场、楼宇酒店等。以峰谷价差套利为例,峰谷价差套利是在低电价或系统边际成本时段购买廉价电能,在高电价或供不应求时段使用或卖出。峰谷价差套利的收益在很大程度上取决于峰谷电之间的价差。储能电站的成本和效率对大用户峰谷价差套利影响很大,其中成本包括固定投资成本和可变运维成本,效率包括充放电效率和容量衰减率等。影响大用户峰谷价差套利经济收益的因素包括购电、储电、放电等成本,以及卖电、用电收益等。跨季节或昼夜储能也可参与大用户峰谷价差套利,可用于解决新能源发电季度差异或日间差异。

1.3 在电力系统中的应用前景及挑战

1.3.1 在电力系统中的应用前景

随着风电、光伏发电等新能源在能源结构中占比不断提升,以及动力锂电池成本的快速下降,电化学储能在新能源并网、电力系统辅助服务以及峰谷电价套利等领域的应用场景正不断被开发并推广。

由于可再生能源电力的发电量受季节和天气条件的影响而波动性较大,且与稳定的用电需求不完全匹配,容易导致电网频率波动较大，为满足用户侧负荷的需求，且减少电网频率波动，经常会产生弃风、弃光现象，导致新能源利用率偏低。储能系统有助于解决可再生能源的消纳问题。储能系统的引入可以为风、光电站接入电网提供一定的缓冲，起到平滑风光出力和能量调度的作用；并可以在相当程度上改善新能源发电功能率不稳定，从而改善电能质量、提升新能源发电的可预测性，提高利用率。

目前火电应用于辅助服务面临技术端、成本端的压力。而电池储能系统具有自动化程度高、增减负荷灵活、对负荷随机和瞬间变化可作出快速反应等优点，能保证电网频率稳定，起到很好调频作用。火电储能共同参与 AGC 调频，通过储能跟踪 AGC 调度指令，实现快速折返、精确输出以及瞬间调节，弥补发电机组的响应偏差，能够显著改善机组 AGC 调节性能。随着辅助服务补偿机制的建立，加速储能系统在火电调频领域渗透。

峰谷电价的大力推行为储能套利提供可观空间。我国目前绝大部分省市工业大户均已实施峰谷电价制，通过降低夜间低谷期电价，提高白天高峰期电价，来鼓励用户分时计划用电，从而有利于电力公司均衡供应电力，降低生产成本，并避免部分发电机组频繁启停造成的巨大损耗等问题，保证电力系统的安全与稳定。储能用于峰谷电价套利，用户可以在电价较低的谷期利用储能装置存储电能，在电高峰期使用存储好的电能，避免直接大规模使用高价的电网电能，如此可以降低用户的电力使用成本，实现峰谷电价套利。

总之，储能技术日臻完善，在电源侧、电网侧、负荷侧都发挥了重要作用，大量的示范工程践行了其可行性和有效性，为新能源发电厂提供弃风弃光电量的存储与释放，可有效缓解清洁能源高峰时段电力电量消纳困难，同时充分利用电网现有资源。多个国家已经把储能技术作为支撑智能电网和新能源发电的重要手段，开展了大量的储能示范工程项目，有效地推动了储能产业的发展。在国家清洁能源战略的引导下，随着储能成本的下降、技术的不断创新、商业模式的逐步丰富，储能产业必将快速发展。

1.3.2　在电力系统中的挑战

（1）技术经济性制约。非抽水蓄能技术成本较高是制约储能产业规模化发展的关键因素。当前抽水蓄能电站投资功率成本为 1600~2100 元/kW，度电成本约 0.25 元/kWh。电化学储能技术中经济性较好的是铅碳电池和磷酸铁锂电池，度电成本分别为 0.5~0.7 元/kWh 和 0.6~0.8 元/kWh。未来低成本长寿命储能专用电池将是技术研发和市场应用主流。此外，应用于电网侧的电化学储能，其暂态特性功能应用需求越来越多：快速响应能力，从功率转换系统设备可以实现毫秒级响应；精准控制，要把整个输出功率进行非常精确地控制。从智能安全预警控保技术层面，不从单一设备的角度出发，要与 BMS、EMS 进行融合，互相形成一个完整系统进行安全预警控保。同时，还要求采用多机并联谐振抑制技术、虚拟同步技术、高科技制造技术等。由于电网技术同步规模比较大，精准同步控制技术非常困难，所以国家和企业等非常重视这方面技术的发展。

（2）本体安全性制约。锂离子电池热失控安全风险较为突出，其他类型电化学储能技术也存在一定的安全风险。电化学储能电池管理不当存在火灾或爆炸风险。锂离子电池、钠硫电池等储能电站都发生过较为严重的起火爆炸事故，严重影响政府、产业界及民众对储能产业的信任度，极大制约储能产业健康发展。本体技术内部安全可控和系统级别安全管理是解决电化学储能电站安全问题的主要方向。目前，我国有关储能的审批和标准体系还不够健全，急需设计储能安全准则和标准体系，最大程度降低发生危险事故的概率。

（3）环境负荷性挑战。电化学储能技术包含一定有毒有害物质、高成本元素，有毒有害物质的管控及高成本元素的回收具有挑战性。电化学储能电池有害物质可能会通过燃烧、泄漏等方式在运行过程中对环境造成污染。同时，退役储能电池若处置不当会对环境造成威胁。此外，含有高附加值元素的退役储能电池回收对资源的循环利用也至关重要。但由于电池结构过于复杂、回收效率低、产线设计困难、回收经济性较差等问题将制约未来储能电池回收产业的发展。

2

电化学储能电站的典型架构

近年来，电化学储能电站技术发展步伐加快，各储能电站主要在设备选型、布局、策略上存在差异，但大体结构相似，本章将简要介绍当前电化学储能电站典型架构。

2.1　电气一次系统

图 2-1 为当前国内电网侧电化学储能电站的典型电气一次接线方案。储能单元由电池与储能变流器（power conversion system，PCS）构成，单个储能单元的额定功率为 1MW，额定容量为 2MWh。电池作为能量的承载体，汇流后接入 PCS

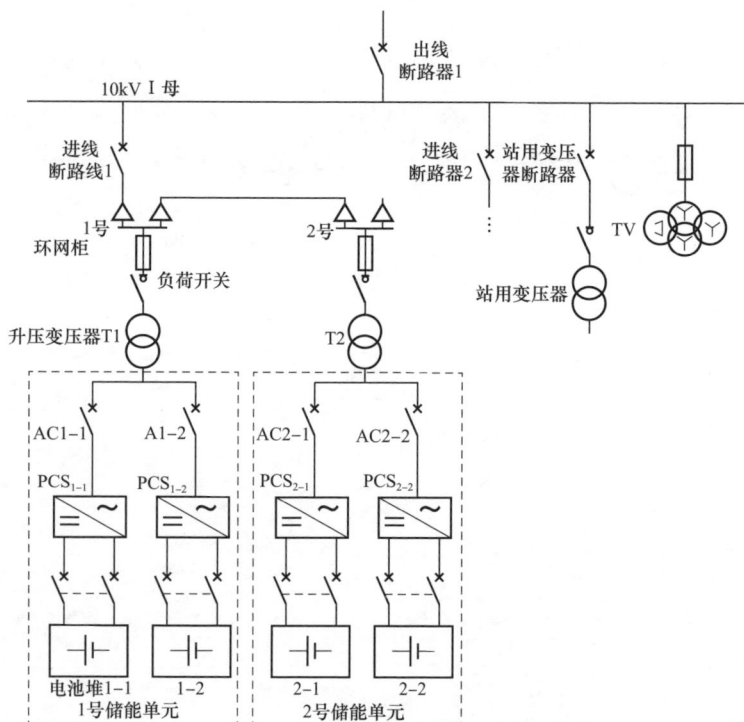

图 2-1　电化学储能电站电气一次系统接线

进行逆变，经低压交流断路器接入 10kV 升压变压器的低压侧，升压变压器高压侧由环网柜并联汇流通过进线断路器并入 10kV 母线，再由出线断路器接入电网变电站。

电池采用磷酸铁锂电池，与其他电池相比，其具有比能量高、循环寿命长、成本低、性价比高、可大电流充放电、耐高温、高能量密度、无记忆、安全无污染等特点。电池采用电池组、电池簇、电池堆的三层分布式结构，电池组由单体电芯串并联组合而成，电池组串联到高压箱构成电池簇，电池簇并联到直流母排构成电池堆，电池堆运行功率为 500kW，通过直流汇流柜送出。

储能 PCS 作为储能电池与电网的柔性接口，通过整流逆变一体化的设计，实现交流系统和直流系统的能量双向流动，即电池电能的存储与释放。其工作原理为通过三相桥式变换器，把储能电池的直流电压变换成高频的三相斩波电压，经滤波器处理成正弦波电流后并入电网。

升压变压器的容量与储能单元容量相匹配，设计容量为 1250kVA，通过负荷开关接入环网柜，环网柜之间并联汇流后通过 10kV 进线断路器接入 10kV 母线。10kV 系统包括进线开关柜、出线开关柜、计量柜、站用变压器开关柜、母线 TV 柜。10kV 母线采用单母分段接线方式，不设分段开关。

2.2 电气二次系统

电化学储能电站电气二次系统包括电池管理系统（battery management system，BMS）、PCS 控制保护系统、后台监控系统、继电保护及安全自动装置，如图 2-2 所示。

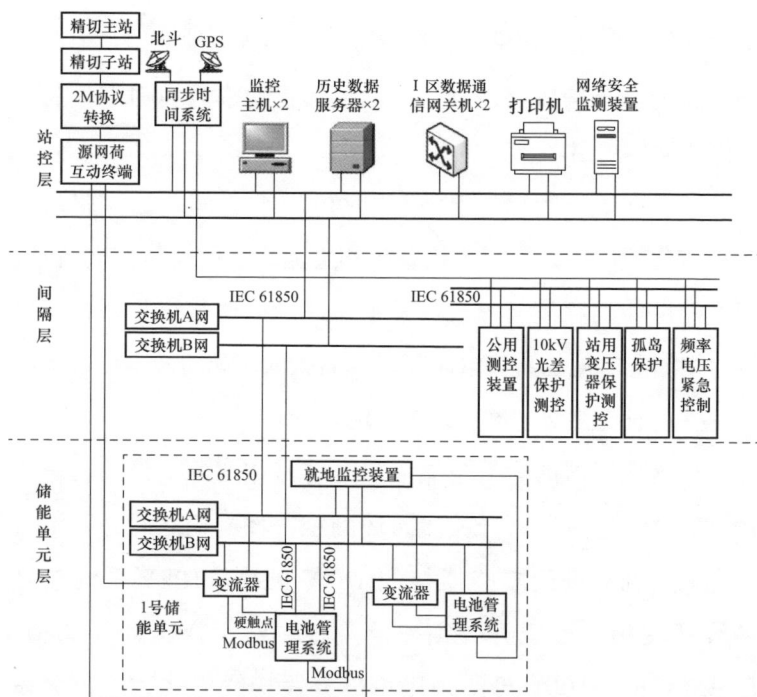

图 2-2 电化学储能电站二次系统结构

2.3　控制保护系统

BMS 能够实现电池状态监视、运行控制、绝缘监测、均衡管理、保护报警及通信功能等，通过对电池状态的实时监测，保证系统的正常稳定安全运行。BMS 分为总控单元、主控单元及从控单元三个层级，总控单元对储能电池堆进行集中管理，负责电池系统的策略实现、数据汇总和对外通信；主控单元负责电池簇的管理，包括总电压检测、电流检测、绝缘检测、充放电过程管理、故障报警处理等；从控单元具有监测电池组内单体电池电压、温度的功能，并能够对电池组充、放电过程进行安全管理。

PCS 保护控制系统监测储能 PCS 的运行工况，可以在过压、过流、BMS 保护信号等故障条件下触发保护动作停机，具有故障录波功能。PCS 控制器接收后台监控系统指令，根据指令调节 PCS 工作模式，如充放电模式及有功、无功功率。

后台监控系统对站内所有电气运行设备与储能设备进行监测与控制，除常规变电站包含的电气监控系统，还集成了能量管理系统（energy management system，EMS），接收调度指令，实现 AGC 和 AVC 等功能。

继电保护及安全自动装置包括公用测控装置、10kV 线路保护测控装置、站用变压器保护测控装置、防孤岛保护装置、频率电压紧急控制装置、源网荷互动终端。

2.4 通信系统

电化学储能电站的通信系统可划分为站控层、间隔层和储能单元层。站控层设备包括监控主机、历史数据服务器、I区数据通信网关机、打印机、网络安全监测装置等。间隔层设备包括间隔层交换机、公用测控装置、10kV 线路保护测控装置、站用变压器保护测控装置、防孤岛保护装置、频率电压紧急控制装置。储能单元层设备包括储能单元层交换机、PCS 二次系统、BMS、就地监控装置。

整站通信采用双网冗余通信布置。站控层采用 IEC 104规约与上级调度通信。间隔层设备与监控主机之间以双网线连接，采用 IEC 61850 通信协议；PCS 二次系统与监控主机、BMS 与监控主机之间以双网线连接，采用 IEC 61850 通信协议；PCS 二次系统与 BMS 之间以屏蔽双绞线连接，采用 Modbus 通信协议；PCS 二次系统与就地监控装置之间以双网线连接，采用 IEC 61850 通信协议，BMS 与就地监控之间以网线连接，采用 Modbus 通信协议。交换机之间都以双光缆连接，保证足够的传输容量。

3

电化学储能电站并网测试

随着电化学储能产业的高速发展，电池成本不断降低，应用于电网侧的电化学储能电站数量及规模也在显著增加。电化学储能电站并网测试是投运前的最后一道关键环节，对于检查设备设计或安装缺陷、检验设备技术性能方面具有至关重要的作用，可减少储能电站并网后故障发生概率，提高供电可靠性和电能质量。为推进电化学储能电站建设进度，并保障设备投运质量，提升储能电站运行安全水平，现场工作需要明确测试内容及流程。

3.1 并网试验

3.1.1 试验条件

1. 现场环境条件

调试所需现场环境条件如下：预制舱储能系统的相关设备安装工作基本结束，且符合质量标准和设计要求；舱内灯光照明、空调、试验电源、试验装置已具备可投入使用。调试现场消防设施具备使用条件或具有有效的临时消防设施。调试现场通道畅通。

2. 试验对象条件

（1）元、部件调试：所有参加调试的一、二次设备必须已通过元件交接验收试验及分系统调试，且调试合格，具备带电条件。

（2）受电前对设备一次接线检查，确保调试范围内设备一次接线相序、相位正确。

（3）储能电站受电部分保护及自动装置定值已按调度下达的定值整定，受电临时定值已整定，并经整组试验验证能可靠动作。

（4）各开关整组操作试验已经完成，且验收合格。

（5）系统试验前应保证通信、联络系统的畅通。

（6）所有临时接地措施解除。

（7）通信联络：调试两端与调度的通信和两端间的直接联络电话畅通，且主控和现场有通信手段。

（8）储能电站 10kV 母线及站用变压器受电完成，干式变压器受电完成。储能单元已具备投运条件。

3.1.2　试验设备及测试项目

1. 试验设备

（1）测试仪器仪表。

1）测试仪器仪表应按国家有关计量检定规程或有关标准经检定或计量合格，并在有效期内。

2）测试仪器仪表准确度要求见表 3-1。

表 3-1　　　　　　测试仪器仪表准确度要求

名称	准确度等级	备注
电压传感器	0.5（0.2*）级	FS（满量程）
电流传感器	0.5（0.2*）级	FS（满量程）
温度计	±0.5℃	
湿度计	±3%	相对湿度
电能表	0.2 级	FS（满量程）
数据采集装置	0.2 级	数据带宽大于等于 10MHz

* 0.2 级为电能质量测量时的准确度要求。

（2）用于测试的模拟电网装置性能应满足的要求。模拟电网装置应能模拟公用电网的电压幅值、频率和相位的变化，并满足以下技术条件：

1）与储能变流器连接侧的电压谐波应小于 GB/T 14549—
1993《电能质量　公用电网谐波》中谐波允许值的 50%；

2）与电网连接侧的电流谐波应小于 GB/T 14549—1993
中谐波允许值的 50%；

3）在测试过程中，稳态电压变化幅度不得超过标称电压
的 1%；

4）电压偏差应小于标称电压的 0.2%；

5）频率偏差应小于 0.01Hz；

6）三相电压不平衡度应小于 1%，相位偏差应小于 3°；

7）中性点不接地的模拟电网装置，中性点位移电压应小
于相电压的 1%；

8）额定功率（P_N）应大于被测试电化学储能电站的额定
功率；

9）具有在一个周波内进行 ±0.1% 额定频率 f_N 的调节能力；

10）具有在一个周波内进行 ±1% 额定电压 U_N 的调节能力；

11）阶跃响应调节时间应小于 20ms。

（3）用于测试的电网故障模拟发生装置性能应满足以下
要求：

1）装置应能模拟三相对称电压跌落、相间电压跌落和单
相电压跌落，跌落幅值应包含 0%~90%；

2）装置应能模拟三相对称电压抬升，抬升幅值应包含

110%~130%；

3）电压阶跃响应调节时间应小于 20ms。

2．试验项目

（1）储能系统启动／停机试验及带负荷检查。

（2）储能系统功率控制试验。

（3）过载能力测试。

（4）噪声检测试验。

（5）并网点电能质量测试。

（6）充放电响应时间测试。

（7）充放电调节时间测试。

（8）充放电转换时间测试。

（9）额定能量及额定功率能量转换效率测试。

（10）电网适应性测试。

（11）低电压穿越测试。

（12）高电压穿越测试。

（13）保护功能测试。

（14）通信测试。

3.1.3　储能系统启动／停机试验及带负荷检查

1．试验内容

（1）储能系统启动及停机。

（2）储能系统并网带小负荷，保护及控制系统检查。

（3）储能系统电池单元满充满放，SOC 标定。

2. 试验条件

图 3-1 对于某 26MW 电化学储能电站，共 26 个储能电池舱及 26 个 PCS 舱，每个储能电池舱有两堆电池，每个 PCS 舱有两台 PCS 变流器。为 52 个电池堆编号为：电池堆 1 号 -1~26 号 -2；为 52 台 PCS 编号为：PCS 1 号 -1~26 号 -2；电池出口的直流开关编号为：DC1-1~DC26-2；变压器低压侧交流断路器为：AC1-1~AC26-2。

（1）查 1 号 ~26 号升压变压器已带电。

（2）变流器 PCS 1号 -1~26号 -2 停机状态，电池堆 1号 -1~26号 -2 出口直流开关 DC1-1~DC26-2 断开，电池堆各簇隔离开关断开，PCS 各本体交流断路器断开，变压器低压侧交流断路器 AC1-1~AC26-2 断开。

（3）录波仪与电能质量记录仪测试接线完毕。试验接线及地点：总控制舱故障录波屏。

（4）依次检查 PCS 1号 -1~26号 -2 和电池堆 1号 -1~26号 -2，确认设备无异常告警。

（5）检查录波仪测量点接线及录波测量信号正确。

3. 试验步骤

（1）合上电池堆 1 号 -1~8 号 -2 各簇隔离开关、出口直流开关 DC1-1~DC8-2，PCS 本体交流断路器 1 号 -1~8 号 -2，变压器低压侧交流断路器 AC1-1~AC8-2。

（2）储能电站监控系统下发零功率启动 PCS 1号 –1~8号 –2 指令，检查 PCS 1号 –1~8号 –2 是否正常启动。

（3）监控系统设定 PCS 1号 –1~8号 –2 整体按 200kW 充电运行 10min，然后直接转放电运行 10min，检查 PCS 1号 –1~8号 –2 和电池堆 1号 –1~8号 –2 状态是否正常，测录芙储 I 线 310 断路器出口处充电、放电电流 / 电压波形。

（4）进行带负荷检查，如有异常应将功率降为零并停止试验，必要时紧急拍停 PCS。

（5）监控系统设定 PCS 1号 –1~8号 –2 整体功率为零，停机，远方分开变压器低压侧交流断路器 AC1–1~AC8–2。

（6）合上电池堆 9号 –1~17号 –2 各簇隔离开关、出口直流开关 DC9–1~DC17–2，PCS 本体交流断路器 9号–1~17号 –2，变压器低压侧交流断路器 AC9–1~AC17–2。

（7）储能电站监控系统下发零功率启动 PCS 9号 –1~17号 –2 指令，检查 PCS 9号 –1~17号 –2 是否正常启动。

（8）监控系统设定 PCS 9号 –1~17号 –2 整体按 200kW 充电运行 10min，然后直接转放电运行 10min，检查 PCS 9号 –1~17号 –2 和电池堆 9号 –1~17号 –2 状态是否正常，测录芙储 II 线 320 断路器出口处充电、放电电流 / 电压波形。

（9）进行带负荷检查，如有异常应将功率降为零并停止试验，必要时紧急拍停 PCS。

（10）监控系统设定 PCS 9号 –1~17号 –2 整体功率为零，

停机，远方分开变压器低压侧交流断路器 AC9-1~AC17-2。

（11）合上电池堆 18号 -1~26号 -2 各簇隔离开关、出口直流开关 DC18-1~DC26-2，PCS 本体交流断路器 18号 -1~26号 -2，变压器低压侧交流断路器 AC18-1~AC26-2。

（12）储能电站监控系统下发零功率启动 PCS 18号 -1~26号 -2指令，检查 PCS 18号 -1~26号 -2 是否正常启动。

（13）监控系统设定 PCS 18号 -1~26号 -2 整体按 200kW 充电运行 10min，然后直接转放电运行 10min，检查 PCS 18号 -1~26号 -2 和电池堆 18号 -1~26号 -2 状态是否正常，测录芙储Ⅲ线 330 断路器出口处充电、放电电流 / 电压波形。

（14）进行带负荷检查，如有异常应将功率降为零并停止试验，必要时紧急停 PCS。

（15）监控系统设定 PCS 18号 -1~26号 -2 整体功率为零，停机。

（16）监控系统远方合变压器低压侧交流断路器 AC1-1~AC26-2，零功率启动 PCS 1号 -1~26号 -2。

（17）监控系统设定全站功率 20% 充电运行 15min，设定全站功率 50% 充电运行 15min，设定全站功率 100% 充电运行进行 SOC 标定，如有异常应将功率降为零并停止试验，必要时紧急拍停 PCS。

（18）全站电池堆 SOC 标定完毕后，储能电站监控系统下发全站停机指令，检查变流器 PCS 1号 -1~26号 -2 是否正常停机。

（19）储能系统启动 / 停机及 SOC 标定试验完毕，试验过程应无任何异常。

3.1.4　储能系统功率控制试验

1. 试验内容

（1）有功功率调节能力测试。

（2）无功功率调节能力测试。

2. 试验条件

（1）试验前开关状态与 3.1.3 项试验结束时相同。

（2）变流器 PCS 1号 –1~26号 –2 已设定为储能电站监控系统远程控制状态。

（3）试验前储能系统 SOC 范围在 40%~70%，以保证试验过程正常进行。

（4）试验时，若设备告警或异常，可暂停试验。

（5）依次检查 PCS 1号 –1~26号 –2 和电池堆 1号 –1~26号 –2，确认设备无异常告警。

（6）检查测试仪测量点接线，以及测量信号正确。

3. 试验步骤

监控系统启动变流器 PCS 1号 –1~26号 –2，监控系统下发功率控制指令，各功率控制试验步骤如下：

（1）有功功率调节能力测试。按照升有功功率和降有功

功率两种方法分别测试。测试方法如下:

1)升功率测试方法。

a. 设置储能电站有功功率为 0。

b. 按图 3-2 所示,逐级调节有功功率设定值至 $-0.25P_N$、$0.25P_N$、$-0.5P_N$、$0.5P_N$、$-0.75P_N$、$0.75P_N$、$-P_N$、P_N,各个功率点保持至少 30s,在储能电站并网点测量时序功率;以每 0.2s 有功功率平均值为一点,记录实测曲线。

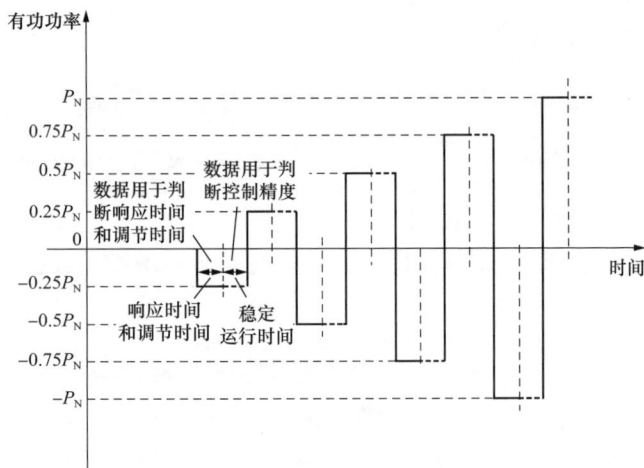

图 3-2 升功率测试曲线

c. 以每次有功功率变化后的第二个 15s 计算 15s 有功功率平均值。

d. 计算 b 步骤各点有功功率的控制精度、响应时间和调节时间。

2）降功率测试方法。

a. 设置储能电站有功功率为 P_N。

b. 按图 3-3 所示，逐级调节有功功率设定值至 $-P_N$、$0.75P_N$、$-0.75P_N$、$0.5P_N$、$-0.5P_N$、$0.25P_N$、$-0.25P_N$、0，各个功率点保持至少 30s，在储能电站并网点测量时序功率；以每 0.2s 有功功率平均值为一点，记录实测曲线。

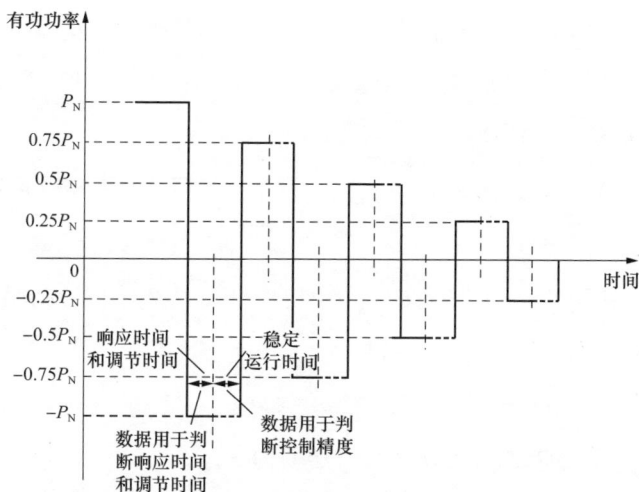

图 3-3　降功率测试曲线

c. 以每次有功功率变化后的第二个 15s 计算 15s 有功功率平均值。

d. 计算 b 各点有功功率的控制精度、响应时间和调节时间。

（2）无功功率调节能力测试。无功功率按照储能电站处于充电模式和放电模式分别测试。测试方法如下：

1）充电模式测试。

a. 设置储能电站充电有功功率为 P_N。

b. 调节储能电站运行在输出最大感性无功功率工作模式。

c. 在储能电站并网点测量时序功率，至少记录 30s 有功功率和无功功率，以每 0.2s 功率平均值为一点，计算第二个 15s 内有功功率和无功功率的平均值。

d. 分别调节储能电站充电有功功率为 $0.9P_N$、$0.8P_N$、$0.7P_N$、$0.6P_N$、$0.5P_N$、$0.4P_N$、$0.3P_N$、$0.2P_N$、$0.1P_N$ 和 0，重复步骤 b 和 c。

e. 调节储能电站运行在输出最大容性无功功率工作模式，重复步骤 c 和 d。

f. 以有功功率为横坐标，无功功率为纵坐标，绘制储能电站功率包络图。

2）放电模式测试。

a. 设置储能电站放电有功功率为 P_N。

b. 调节储能电站运行在输出最大感性无功功率工作模式。

c. 在储能电站并网点测量时序功率，至少记录 30s 有功功率和无功功率，以每 0.2s 功率平均值为一点，计算第二个 15s 内有功功率和无功功率的平均值。

d. 分别调节储能电站放电有功功率为 $0.9P_N$、$0.8P_N$、$0.7P_N$、$0.6P_N$、$0.5P_N$、$0.4P_N$、$0.3P_N$、$0.2P_N$、$0.1P_N$ 和 0，重复步骤 b 和 c。

e.调节储能电站运行在输出最大容性无功功率工作模式，重复步骤 c 和 d。

f.以有功功率为横坐标，无功功率为纵坐标，绘制储能电站功率包络图。

（3）功率因数调节能力测试。测试方法如下：

1）将储能电站放电有功功率分别调至 $0.25P_N$、$0.5P_N$、$0.75P_N$、P_N 四个点。

2）调节储能电站功率因数从超前 0.95 开始，连续调节至滞后 0.95，调节幅度不大于 0.01，测量并记录储能电站实际输出的功率因数。

3）将储能电站充电有功功率分别调至 $0.25P_N$、$0.5P_N$、$0.75P_N$、P_N 四个点。

4）调节储能电站功率因数从超前 0.95 开始，连续调节至滞后 0.95，调节幅度不大于 0.01，测量并记录储能电站实际输出的功率因数。

3.1.5 过载能力测试

1. 试验内容

（1）储能系统过载充电下能力测试。

（2）储能系统过载放电下能力测试。

2. 试验条件

（1）变流器 PCS 1号 –1~26号 –2 的控制模式为储能电站

监控系统的远程控制状态。

（2）试验前储能系统 SOC 范围在 40%~70%，以保证试验过程正常进行。

（3）试验时，若设备告警或异常，可暂停试验。

（4）依次检查变流器 PCS 1号 –1~26号 –2 和电池堆 1号 –1~26号 –2，确认设备无异常告警。

（5）检查测试仪测量点接线，以及测量信号正确。

3. 试验步骤

监控系统启动变流器 PCS 1号 –1~26号 –2，监控系统下发功率控制指令，各功率控制试验步骤如下：

（1）将储能系统调整至热备用状态，设定储能系统充电有功功率设定值至 $1.1P_N$，连续运行 10min，在储能系统并网点测量时序功率，以每 0.2s 有功功率平均值为一点，记录实测曲线。

（2）将储能系统调整至热备用状态，设定储能系统充电有功功率设定值至 $1.2P_N$，连续运行 1min，在储能系统并网点测量时序功率，以每 0.2s 有功功率平均值为一点，记录实测曲线。

（3）将储能系统调整至热备用状态，设定储能系统放电有功功率设定值至 $1.1P_N$，连续运行 10min，在储能系统并网点测量时序功率，以每 0.2s 有功功率平均值为一点，记录实测曲线。

（4）将储能系统调整至热备用状态，设定储能系统放电有

功功率设定值至 $1.2P_N$，连续运行 1min，在储能系统并网点测量时序功率，以每 0.2s 有功功率平均值为一点，记录实测曲线。

3.1.6 噪声检测试验

1．试验内容

对储能变电站 PCS 舱、电池舱以及变电站的厂界进行噪声测试，以考核其制造工艺、设计安装水平，验证 PCS 舱、电池舱以及变电站厂界噪声是否满足技术协议的要求。

2．试验条件

（1）试验应在风速小于 5m/s、无雨雪、无雷电天气下进行。

（2）试验时，设备周围保持安静，避免影响测量环境。

3．试验步骤

（1）PCS 舱及电池舱周围均匀布置 8 个测点，测点布置在离设备轮廓线 1m 处，离地高度为设备的 1/2 高度，PCS 舱及电池舱的测点布置如图 3-4 所示。

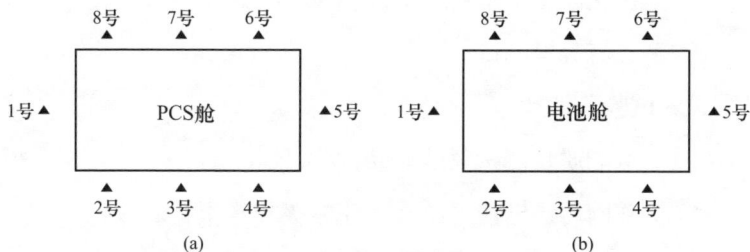

图 3-4 PCS 舱及电池舱的测点布置示意图
（a）PCS 舱；（b）电池舱

沿储能变电站厂界四周均匀布置 12 个测点，测点布置在厂界外 1m，高于围墙 0.5m 以上的位置，厂界的测点布置如图 3-5 所示。

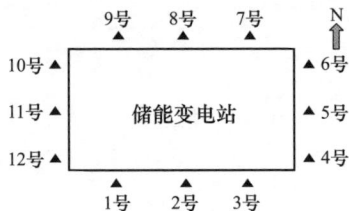

图 3-5　储能变电站厂界的测点布置示意图

（2）测试 PCS 舱、电池舱以及厂界的背景噪声。

（3）充电时，测试 PCS 舱、电池舱以及厂界各测点的声级。

（4）放电时，测试 PCS 舱、电池舱以及厂界各测点的声级。

3.1.7　电能质量测试

1. 试验内容

（1）三相电压不平衡及谐波测试。

（2）直流分量测试。

2. 试验条件

（1）电能质量测试仪器安装到位。

（2）并网后，储能系统运行正常无异常报警。

（3）试验前储能系统 SOC 范围在 40%~70%，以保证试验过程正常进行。

3. 试验步骤

监控系统启动变流器 PCS 1号 –1~26号 –2，监控系统下发功率控制指令，各功率控制试验步骤如下：

（1）三相电压不平衡及谐波测试。

1）设定储能电站工作于放电工况；

2）从储能电站持续正常运行的最小功率开始，以 10% 的储能电站额定功率为一个区间，每个区间内连续测量 10min，用电能质量测试仪记录电压和电流数据；

3）设定储能电站工作于充电工况，重复步骤 2）。

（2）直流分量测试。

1）储能电站在放电状态下测试，测试方法如下：

a. 将储能电站与模拟电网装置（公共电网）相连，所有参数调至正常工作条件，且功率因数调为 1；

b. 调节储能电站输出电流至额定电流的 33%，保持 1min；

c. 测量储能电站输出端各相电压、电流有效值和电流的直流分量（频率小于 1Hz 即为直流），在同样的采样速率和时间窗下测试 5min；

d. 当各相电压有效值的平均值与额定电压的误差小于 5%，且各相电流有效值的平均值与测试电流设定值的偏差小于 5% 时，采用各测量点的绝对值计算各相电流直流分量幅值的平均值；

e. 调节储能电站输出电流分别至额定输出电流的 66% 和

100%，保持 1min，重复步骤 c 和 d。

2）储能电站在充电状态下测试，测试方法如下：

a. 将储能电站与模拟电网装置（公共电网）相连，所有参数调至正常工作条件，且功率因数调为 1；

b. 调节储能电站输入电流至额定电流的 33%，保持 1min；

c. 测量储能电站输入端各相电压、电流有效值和电流的直流分量（频率小于 1Hz 即为直流），在同样的采样速率和时间窗下测试 5min；

d. 当各相电压有效值的平均值与额定电压的误差小于 5%，且各相电流有效值的平均值与测试电流设定值的偏差小于 5% 时，采用各测量点的绝对值计算各相电流直流分量幅值的平均值；

e. 调节储能电站输入电流分别至额定输入电流的 66% 和 100%，保持 1min，重复步骤 c~d。

3.1.8　充放电响应时间测试

1. 试验内容

（1）充电响应时间测试。

（2）放电响应时间测试。

2. 试验条件

（1）变流器 PCS 1号 –1~26号 –2 的控制模式为储能电站监控系统的远程控制状态。

（2）试验前储能系统 SOC 范围在 40%~70%，以保证试验过程正常进行。

（3）试验时，若设备告警或异常，可暂停试验。

（4）依次检查变流器 PCS 1号 –1~26号 –2 和电池堆 1号 –1~26号 –2，确认设备无异常告警。

（5）检查测量仪测量点接线，以及测量信号正确。

3. 试验步骤

（1）充电响应时间测试。

1）记录储能系统收到控制信号的时刻，记为 t_{C1}；

2）记录储能系统充电功率首次达到90% 额定功率的时刻，记为 t_{C2}；

3）按照式 $RT_c = t_{C2} - t_{C1}$ 计算充电响应时间；

4）重复1）~3）三次，充电响应时间取 3 次测试结果的最大值。

（2）放电响应时间测试。

1）记录储能系统收到控制信号的时刻，记为 t_{D1}；

2）记录储能系统充电功率首次达到90% 额定功率的时刻，记为 t_{D2}；

3）按照式 $RT_c = t_{D2} - t_{D1}$ 计算充电响应时间；

4）重复1）~3）三次，充电响应时间取 3 次测试结果的最大值。

3.1.9　充放电调节时间测试

1. 试验内容

（1）充电调节时间测试。

（2）放电调节时间测试。

2. 试验条件

条件同充放电响应时间测试。

3. 试验步骤

（1）充电调节时间测试。

1）记录储能系统收到控制信号的时刻，记为 t_{C3}；

2）记录储能系统充电功率的偏差维持在额定功率 ±2% 以内的起始时刻，记为 t_{C4}；

3）按照式 $AT_C=t_{C4}-t_{C3}$ 计算充电响应时间；

4）重复1）~3）三次，充电响应时间取 3 次测试结果的最大值。

（2）放电调节时间测试。

1）记录储能系统收到控制信号的时刻，记为 t_{D3}；

2）记录储能系统充电功率的偏差维持在额定功率 ±2% 以内的起始时刻，记为 t_{D4}；

3）按照式 $AT_D=t_{D4}-t_{D3}$ 计算充电响应时间；

4）重复1）~3）三次，充电响应时间取 3 次测试结果的最大值。

3.1.10 充放电转换时间测试

1. 试验内容

（1）充放电转换时间测试。

（2）全站精切充放电转换时间测试。

2. 试验条件

条件同充放电响应时间测试。

3. 试验步骤

在额定功率充放电条件下，将储能电站调整至热备用状态，测试储能电站的充放电转换时间。

（1）充电到放电转换时间测试。测试方法如下：

1）设置储能电站以额定功率充电，向储能电站发送以额定功率放电指令，记录从 90% 额定功率充电到 90% 额定功率放电的时间 t_1；

2）重复步骤 1）两次，充电到放电转换时间取 3 次测试结果的最大值。

（2）放电到充电转换时间测试。测试方法如下：

1）设置储能电站以额定功率放电，向储能电站发送以额定功率充电指令，记录从 90% 额定功率放电到 90% 额定功率充电的时间 t_2；

2）重复步骤 1）两次，放电到充电转换时间取 3 次测试结果的最大值。

3.1.11 额定能量及额定功率能量转换效率测试

1. 试验内容

（1）额定能量测试。

（2）额定功率能量转换效率测试。

2. 试验条件

条件同充放电响应时间测试。

3. 试验步骤

在稳定运行状态下，储能电站在额定功率充放电条件下，测试储能电站的充电能量和放电能量。测试方法如下：

（1）以额定功率放电至放电终止条件时停止放电。

（2）以额定功率充电至充电终止条件时停止充电。记录本次充电过程中储能电站充电的能量 EC 和辅助能耗 WC。

（3）以额定功率放电至放电终止条件时停止放电。记录本次放电过程中储能电站放电的能量 ED 和辅助能耗 WD。

（4）重复步骤（2）和（3）两次，记录每次充放电能量 E_{Cn}、E_{Dn} 和辅助能耗 W_{Cn}、W_{Dn}。

（5）按照式（3-1）、式（3-2）计算其平均值，记 E_C 和 E_D 为储能电站的额定充电能量和额定放电能量。

$$E_C = \frac{E_{C1} + W_{C1} + E_{C2} + W_{C2} + E_{C3} + W_{C3}}{3} \quad (3-1)$$

$$E_D = \frac{E_{D1} - W_{D1} + E_{D2} - W_{D2} + E_{D3} - W_{D3}}{3} \quad (3-2)$$

式中：E_{Cn} 为第 n 次循环的充电能量，Wh；E_{Dn} 为第 n 次循环的放电能量，Wh；W_{Cn} 为第 n 次循环充电过程的辅助能耗，Wh；W_{Dn} 为第 n 次循环放电过程的辅助能耗，Wh。

（6）按式（3-3）计算能量转换效率

$$\eta = \frac{1}{3}\left(\frac{E_{D1} - W_{D1}}{E_{C1} + W_{C1}} + \frac{E_{D1} + W_{D1} + E_{D2} + W_{C2} + E_{C3} + W_{C3}}{3}\right) \quad (3-3)$$

3.1.12 电网适应性测试

1. 频率适应性测试

测试储能电站的频率适应性，测试如图 3-6 所示。本测试项目应使用模拟电网装置模拟电网频率的变化。测试方法如下：

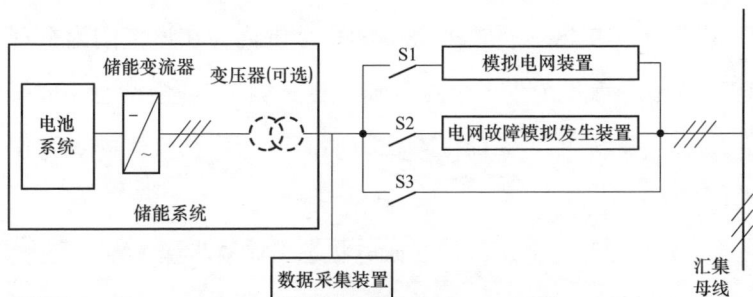

图 3-6 储能系统测试接线示意图

a. 将储能电站与模拟电网装置相连；

b. 设置储能电站运行在充电状态；

c. 调节模拟电网装置频率至 49.52~50.18Hz 范围内，在该范围内合理选择若干个点（至少 3 个点且临界点必测），每个点连续运行至少 1min，应无跳闸现象，否则停止测试；

d. 设置储能电站运行在放电状态，重复步骤 c。

（1）通过 380V 电压等级接入电网的储能电站：

1）设置储能电站运行在充电状态，调节模拟电网装置频率分别至 49.32~49.48Hz、50.22~50.48Hz 范围内，在该范围内合理选择若干个点（至少 3 个点且临界点必测），每个点连续运行至少 4s；分别记录储能电站运行状态及相应动作频率、动作时间。

2）设置储能电站运行在放电状态，重复步骤 1）。

（2）通过 10（6）kV 及以上电压等级接入电网的储能电站：

1）设置储能电站运行在充电状态，调节模拟电网装置频率至 48.02~49.48Hz、50.22~50.48Hz 范围内，在该范围内合理选择若干个点（至少 3 个点且临界点必测），每个点连续运行至少 4s；分别记录储能电站运行状态及相应动作频率、动作时间。

2）设置储能电站运行在放电状态，重复步骤 1）。

3）设置储能电站运行在充电状态，调节模拟电网装置频率至 50.52Hz，连续运行至少 4s；记录储能电站运行状态及相应动作频率、动作时间。

4）设置储能电站运行在放电状态，重复步骤 3）。

5）设置储能电站运行在充电状态，调节模拟电网装置频率至 47.98Hz，连续运行至少 4s；记录储能电站运行状态及相应动作频率、动作时间。

6）设置储能电站运行在放电状态，重复步骤 5）。

2. 电压适应性测试

测试储能电站的电压适应性，测试如图 3-6 所示。本测试项目应使用模拟电网装置模拟电网电压的变化。测试方法如下：

a. 将储能电站与模拟电网装置相连；

b. 设置储能电站运行在充电状态；

c. 调节模拟电网装置输出电压至拟接入电网标称电压的 86%~109% 范围内，在该范围内合理选择若干个点（至少 3 个点且临界点必测），每个点连续运行至少 1min，应无跳闸现象，否则停止测试；

d. 调节模拟电网装置输出电压至拟接入电网标称电压的 85% 以下，连续运行至少 1min，记录储能电站运行状态及相应动作电压、动作时间；

e. 调节模拟电网装置输出电压至拟接入电网标称电压的 110% 以上，连续运行至少 1min，记录储能电站运行状态及相应动作电压、动作时间；

f. 设置储能电站运行在放电状态，重复步骤 c~e。

3. 电能质量适应性测试

测试储能电站的电能质量适应性，测试如图 3-6 所示。本测试项目应使用模拟电网装置模拟电网电能质量的变化。

a. 将储能电站与模拟电网装置相连；

b. 设置储能电站运行在充电状态；

c. 调节模拟电网装置交流侧的谐波值、三相电压不平衡度、间谐波值分别至 GB/T 14549—1993《电能质量　公用电网谐波》、GB/T 15543—2008《电能质量　三相电压不平衡》和 GB/T 24337—2009《电能质量　公用电网间谐波》中要求的最大限值，连续运行至少 1min，记录储能电站运行状态及相应动作时间；

d. 设置储能电站运行在放电状态，重复步骤 c。

3.1.13　低电压穿越测试

测试通过 10（6）kV 及以上电压等级接入电网的储能电站低电压穿越能力。

1. 检测准备

（1）进行低电压穿越检测前，储能电站应工作在与实际投入运行时一致的控制模式下。按照图 3-6 连接储能系统、电网故障模拟发生装置、数据采集装置以及其他相关设备。

（2）测试应至少选取 5 个跌落点，并在 $0\%U_N \leq U \leq 5\%U_N$、$20\%U_N \leq U \leq 25\%U_N$、$25\%U_N < U \leq 50\%U_N$、$50\%U_N < U \leq 75\%U_N$、$75\%U_N < U \leq 90\%U_N$ 五个区间内均有分布，并按照图 3-7 选取跌落时间。

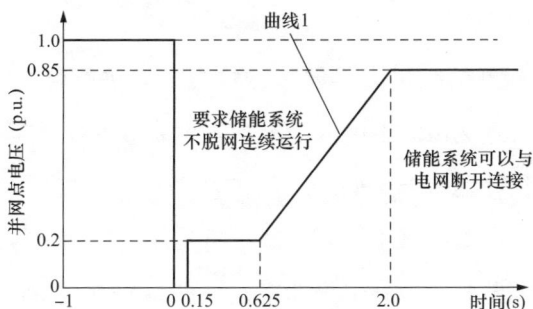

图 3-7　低电压穿越曲线

2. 空载测试

低电压穿越检测前应先进行空载测试，被测储能电站储能变流器应处于断开状态，测试方法如下：

（1）调节电网故障模拟发生装置，模拟线路三相对称故障，电压跌落点选取应满足以上 1 "检测准备"的要求。

（2）调节电网故障模拟发生装置，模拟表 3-2 中的 AB、BC、CA 相间短路或接地短路故障，电压跌落点选取应满足以上 1 "检测准备"的要求。

（3）记录储能电站并网点电压曲线。

表 3-2　　　　　　　线路不对称故障类型

故障类型	故障相		
单相接地短路	A 相接地短路	B 相接地短路	C 相接地短路
两相相间短路	AB 相间短路	BC 相间短路	CA 相间短路
两相接地短路	AB 接地短路	BC 接地短路	CA 接地短路

3. 负载测试

在空载测试结果满足要求的情况下，进行低电压穿越负载测试，负载测试时电网故障模拟发生装置的配置应与空载测试保持一致。测试方法如下：

（1）将空载测试中断开的储能电站接入电网运行；

（2）调节储能电站输出功率在 $0.1P_N \sim 0.3P_N$ 之间；

（3）控制电网故障模拟发生装置进行三相对称电压跌落；

（4）记录储能电站并网点电压和电流的波形，应至少记录电压跌落前 10s 到电压恢复正常后 6s 之间数据。

3.1.14　高电压穿越测试

1. 检测准备

（1）进行高电压穿越测试前，储能电站应工作在与实际投入运行时一致的控制模式下。按照图 3-6 连接储能系统、电网故障模拟发生装置、数据采集装置以及其他相关设备。

（2）高电压穿越检测应至少选取 2 个点，并在 $110\%U_N$ < U < $120\%U_N$、$120\%U_N$ < U < $130\%U_N$ 两个区间内均有分布，并按照图 3-8 中高电压穿越曲线要求选取跌落时间。

2. 空载测试

高电压穿越检测前应先进行空载测试，被测储能电站储能变流器应处于断开状态，测试方法如下：

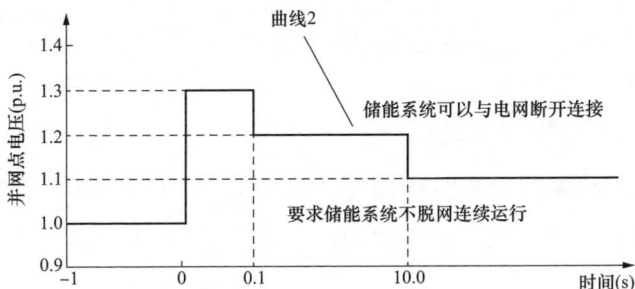

图 3-8 高电压穿越曲线

（1）调节电网故障模拟发生装置，模拟线路三相电压抬升，电压抬升点选取应满足以上 1 "检测准备" 的要求；

（2）记录储能电站并网点电压曲线。

3. 负载测试

在空载测试结果满足要求的情况下，可进行高电压穿越负载测试。负载测试时电网故障模拟发生装置的配置应与空载测试保持一致。

（1）将空载测试中断开的储能电站接入电网运行。

（2）调节储能电站输入功率分别在 $0.1P_N$~$0.3P_N$ 之间。

（3）控制电网故障模拟发生装置进行三相对称电压抬升。

（4）记录储能电站并网点电压和电流波形，应至少记录电压跌落前 10s 到电压恢复正常后 6s 之间数据。

（5）调节储能电站输入功率至额定功率 P_N。

（6）重复步骤（3）和（4）。

3.1.15　保护功能测试

1. 涉网保护功能测试

测试储能电站的涉网保护功能，参照 DL/T 995—2016《继电保护和电网安全自动装置检验规程》的规定进行系统的涉网保护测试。

2. 非计划孤岛保护功能测试

测试储能电站的非计划孤岛保护特性。测试方法如下：

（1）对三相四线制储能电站，图 3-9 为相线对中性线接线；对三相三线制储能电站，图 3-9 为相间接线。

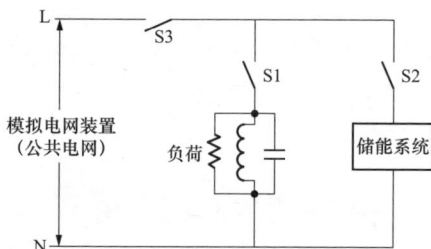

图 3-9　非计划孤岛保护功能测试

（2）设置储能电站防孤岛保护定值，调节储能电站放电功率至额定功率。

（3）设定模拟电网装置（公共电网）电压为储能电站的标称电压，频率为储能电站额定频率；调节负荷品质因数 Q 为 1.0 ± 0.05。

（4）闭合开关 S1、S2、S3，直至储能电站达到步骤（2）的规定值。

（5）调节负荷至通过开关 S3 的各相基波电流小于储能电站各相稳态额定电流的 2%。

（6）断开 S3，记录从断开 S3 至储能电站停止向负荷供电的时间间隔，即断开时间。

（7）在初始平衡负荷的 95%~105% 范围内，调节无功负荷按 1% 递增（或调节储能电站无功功率按 1% 递增），若储能电站断开时间增加，则需额外增加 1% 无功负荷（或无功功率），直至断开时间不再增加。

（8）在初始平衡负荷的 95% 或 105% 时，断开时间仍增加，则需额外减少或增加 1% 无功负荷（或无功功率），直至断开时间不再增加。

（9）测试结果中，三个最长断开时间的测试点应做 2 次附加重复测试；三个最长断开时间出现在不连续的 1% 负荷增加值上时，则三个最长断开时间之间的所有测试点都应做 2 次附加重复测试。

（10）调节储能电站输出功率分别至额定功率的 66%、33%，分别重复步骤（3）~（9）。

3.1.16 通信测试

1. 通信基本测试

通过 10（6）kV 及以上电压等级接入电网的储能电站，

在并网状态下，按照 GB/T 13729—2019《远动终端设备》的相关规定进行通信测试。

2. 状态与参数测试

储能电站和电网调度机构或用户之间测试的状态与参数至少应包括：

（1）电气模拟量：并网点的频率、电压、注入电网电流、注入有功功率和无功功率、功率因数、电能质量数据等；

（2）电能量及荷电状态：可充/可放电量、充电电量、放电电量、荷电状态等；

（3）状态量：并网点开断设备状态、充放电状态、故障信息、远动终端状态、通信状态、AGC 状态等；

（4）其他信息：并网调度协议要求的其他信息。

3.2 储能电站源网荷系统调试

本次调试范围包括芙蓉储能电站源网荷互动终端、EMS系统、PCS 系统、BMS 系统。

3.2.1 调试条件

（1）芙蓉储能电站源网荷互动终端单体调试完毕，试验项目应完整，试验数据应正确有效。

（2）芙蓉储能电站源网荷互动终端与站内 52 个 PCS 和 EMS

的分段调试完毕，试验项目应完整，试验数据应正确有效。

（3）EMS 系统、PCS 舱系统和 BMS 电池舱系统三大系统对拖试验、储能电站整套启动试验完毕，各 PCS 最大功率充、放电试验完毕，PMU 和故障录波装置调试完毕，试验数据正确有效。

（4）芙蓉储能电站 EMS 后台具备接收和执行 AGC 和 AVC 远方指令功能，且该功能已在站端通过接入外部设备调试验证无误。

（5）站端 PMU 屏、故障录波屏、源网荷互动终端屏 GPS 对时正确。

（6）芙蓉储能电站预制舱储能系统的相关设备安装工作基本结束，且符合质量标准和设计要求；舱内灯光照明、空调、试验电源、试验装置已具备可投入使用。调试现场消防设施具备使用条件或具有有效的临时消防设施，调试现场通道畅通。

3.2.2　调试内容

1. 各 PCS 对源网荷互动终端动作信号的响应试验

闭锁 EMS 功率指令出口；检查源网荷互动终端全部出口连接片在退出状态，设置源网荷互动终端模拟出口模式；依次单独投入源网荷互动终端至各 PCS 的出口连接片，触发源网荷互动终端动作出口，在 EMS 后台检查 PCS 功率变化情况。

试验分 PCS 满功率充电、浅放电两种情况进行；试验结束后恢复 EMS 功率指令出口。

（1）设置各 PCS 充电功率为 500kW（全站 26MW），依次单独投入源网荷互动终端各 PCS 出口连接片、触发源网荷互动终端动作，在 EMS 后台检查 PCS 功率变化情况，见表 3-3。

表 3-3 PCS 功率变化情况

PCS 编号	PCS1-1	PCS1-2	PCS2-1	PCS2-2
是否正确响应				
PCS 编号	PCS3-1	PCS3-2	PCS4-1	PCS4-2
是否正确响应				
PCS 编号	PCS5-1	PCS5-2	PCS6-1	PCS6-2
是否正确响应				
PCS 编号	PCS7-1	PCS7-2	PCS8-1	PCS8-2
是否正确响应				
PCS 编号	PCS9-1	PCS9-2	PCS10-1	PCS10-2
是否正确响应				

注　若功率正确响应，则在对应 PCS 下打√，否则打 ×。

（2）设置各 PCS 放电功率为 100kW（全站 5.2MW），依次投入源网荷互动终端各 PCS 出口连接片、触发源网荷互动终端动作，在 EMS 后台检查 PCS 功率变化情况，见表 3-4。

表 3-4 PCS 功率变化情况

PCS 编号	PCS1-1	PCS1-2	PCS2-1	PCS2-2
是否正确响应				
PCS 编号	PCS3-1	PCS3-2	PCS4-1	PCS4-2
是否正确响应				
PCS 编号	PCS5-1	PCS5-2	PCS6-1	PCS6-2
是否正确响应				
PCS 编号	PCS7-1	PCS7-2	PCS8-1	PCS8-2
是否正确响应				
PCS 编号	PCS9-1	PCS9-2	PCS10-1	PCS10-2
是否正确响应				

注 若功率正确响应,则在对应 PCS 下打√,否则打 ×。

2. 运行策略及负荷恢复功能测试

分满功率充电和低功率放电两种情况进行。在源网荷互动终端模拟切负荷指令,在储能电站端进行数据记录、状态检查,完毕后在站端进行负荷恢复。

(1)站端 AGC 模式下满功率充电状态下的测试。

1)在站端模拟 AGC 远方控制运行,并设置充电功率为26MW。触发源网荷互动终端动作,检查 PCS 和 EMS 的动作情况,并记录动作时间,见表 3-5。

表 3-5　　　　　　　PCS 和 EMS 动作情况

项目	试验结果
EMS 当前功率值	
源网荷互动终端的总可切量	
各 PCS 动作情况	
EMS 动作情况	
站端源网荷互动终端动作时刻	
全站功率开始变化时刻	
全站功率达到最大放电功率时刻	

2）数据记录、状态检查完毕后，在源网荷互动终端模拟负荷恢复开入，检查 PCS 和 EMS 的动作情况，见表 3-6。

表 3-6　　　　　　　PCS 和 EMS 动作情况

项目	试验结果
PCS 动作情况	
EMS 动作情况	

（2）站端 AGC 模式放电状态下的测试。

1）在站端模拟 AGC 远方控制运行，并设置放电功率为 5.2MW。触发源网荷互动终端动作，检查 PCS 和 EMS 的动作情况，并记录动作时间，见表 3-7。

表 3-7　　　　　　　PCS 和 EMS 动作情况

项目	试验结果
EMS 当前功率值	
源网荷互动终端的总可切量	
各 PCS 动作情况	
EMS 动作情况	
站端源网荷互动终端动作时刻	
全站功率开始变化时刻	
全站功率达到最大放电功率时刻	

2）数据记录、状态检查完毕后，在源网荷互动终端模拟负荷恢复开入，检查 PCS 和 EMS 的动作情况，见表 3-8。

表 3-8　　　　　　　PCS 和 EMS 动作情况

项目	试验结果
PCS 动作情况	
EMS 动作情况	

（3）站端 AVC 模式下的测试。

1）在站端模拟 AVC 远方控制运行，并设置输入无功为额定值（以系统实际允许无功输送范围为准）。触发源网荷互动终端动作，检查 PCS 和 EMS 的动作情况，并记录动作时间，见表 3-9。

表 3-9 　　　　　　　PCS 和 EMS 动作情况

项目	试验结果
EMS 当前功率值	
源网荷互动终端的总可切量	
各 PCS 动作情况	
EMS 动作情况	
站端源网荷互动终端动作时刻	
全站功率开始变化时刻	
全站功率达到最大放电功率时刻	

2）数据记录、状态检查完毕后，在源网荷互动终端模拟
负荷恢复开入，检查 PCS 和 EMS 的动作情况，见表 3-10。

表 3-10 　　　　　　　PCS 和 EMS 动作情况

项目	试验结果
PCS 动作情况	
EMS 动作情况	

（4）站端同时输出有功和无功条件下的测试。

1）在站端模拟远方控制运行，并设置全站输出 10% 额定
有功，输出 10% 额定无功。触发源网荷互动终端动作，检查
PCS 和 EMS 的动作情况，并记录动作时间，见表 3-11。

表 3-11　　　　　　PCS 和 EMS 动作情况

项目	试验结果
EMS 当前功率值	
源网荷互动终端的总可切量	
各 PCS 动作情况	
EMS 动作情况	
站端源网荷互动终端动作时刻	
全站功率开始变化时刻	
全站功率达到最大放电功率时刻	

2）数据记录、状态检查完毕后，在源网荷互动终端模拟负荷恢复开入，检查 PCS 和 EMS 的动作情况，见表 3-12。

表 3-12　　　　　　PCS 和 EMS 动作情况

项目	试验结果
PCS 动作情况	
EMS 动作情况	

（5）最高 SOC 状态下的测试。

1）在站端将各电池堆充电至 EMS 后台最高 SOC 限制值，设置充电功率为 0。触发源网荷互动终端动作，检查 PCS 和 EMS 的动作情况，并记录动作时间，见表 3-13。

表 3-13　　　　PCS 和 EMS 动作情况

项目	试验结果
EMS 当前功率值	
源网荷互动终端的总可切量	
各 PCS 动作情况	
EMS 动作情况	
站端源网荷互动终端动作时刻	
全站功率开始变化时刻	
全站功率达到最大放电功率时刻	

2）数据记录、状态检查完毕后，在源网荷互动终端模拟
负荷恢复开入，检查 PCS 和 EMS 的动作情况，见表 3-14。

表 3-14　　　　PCS 和 EMS 动作情况

项目	试验结果
PCS 动作情况	
EMS 动作情况	

（6）最低 SOC 状态下的测试。

1）在站端将各电池堆放电至 EMS 后台最低 SOC 限制值，
设置放电功率为 0。触发源网荷互动终端动作，检查 PCS 和
EMS 的动作情况，并记录动作时间，见表 3-15。

表 3-15　　　　PCS 和 EMS 动作情况

项目	试验结果
EMS 当前功率值	
源网荷互动终端的总可切量	
各 PCS 动作情况	
EMS 动作情况	
站端源网荷互动终端动作时刻	
全站功率开始变化时刻	
全站功率达到最大放电功率时刻	

2）数据记录、状态检查完毕后，在源网荷互动终端模拟负荷恢复开入，检查 PCS 和 EMS 的动作情况，见表 3-16。

表 3-16　　　　PCS 和 EMS 动作情况

项目	试验结果
PCS 动作情况	
EMS 动作情况	

（7）站内部分在运 BMS 出现限流告警下的测试。

1）在站端模拟 AGC 远方控制运行，并设置充电功率为 26MW。在站端模拟通过修改 BMS 告警定值，使 10 个 BMS 出现限流告警。触发源网荷互动终端动作，检查 PCS 和 EMS 的动作情况，并记录动作时间，见表 3-17。

表 3-17　　　　PCS 和 EMS 动作情况

项目	试验结果
EMS 当前功率值	
源网荷互动终端的总可切量	
各 PCS 动作情况	
EMS 动作情况	
站端源网荷互动终端动作时刻	
全站功率开始变化时刻	
全站功率达到最大放电功率时刻	

2）数据记录、状态检查完毕后，在源网荷互动终端模拟负荷恢复开入，检查 PCS 和 EMS 的动作情况，见表 3-18。

表 3-18　　　　PCS 和 EMS 动作情况

项目	试验结果
PCS 动作情况	
EMS 动作情况	

（8）站内部分在运 BMS 已经出现二级欠压告警（即停机）下的测试。

1）在站端模拟 AGC 远方控制运行，并设置充电功率为 26MW。在站端模拟通过修改 BMS 告警定值，使 10 个 BMS 出现二级欠压告警。触发源网荷互动终端动作，检查 PCS 和

EMS 的动作情况，并记录动作时间，见表 3-19。

表 3-19　　　　　PCS 和 EMS 动作情况

项目	试验结果
EMS 当前功率值	
源网荷互动终端的总可切量	
各 PCS 动作情况	
EMS 动作情况	
站端源网荷互动终端动作时刻	
全站功率开始变化时刻	
全站功率达到最大放电功率时刻	

2）数据记录、状态检查完毕后，在源网荷互动终端模拟负荷恢复开入，检查 PCS 和 EMS 的动作情况，见表 3-20。

表 3-20　　　　　PCS 和 EMS 动作情况

项目	试验结果
PCS 动作情况	
EMS 动作情况	

（9）站内部分在运 BMS 中途出现二级告警下的测试。

1）在站端模拟 AGC 远方控制运行，并设置充电功率为 26MW，临时闭锁 EMS 功率调节出口。触发源网荷互动终端动作，PCS 响应后，在站端模拟通过修改 BMS 告警定值，使

2 个 BMS 出现二级欠压告警。检查 PCS 和 EMS 的动作情况，
并记录动作时间，见表 3-21。

表 3-21　　　　　PCS 和 EMS 动作情况

项目	试验结果
EMS 当前功率值	
源网荷互动终端的总可切量	
各 PCS 动作情况	
EMS 动作情况	
站端源网荷互动终端动作时刻	
全站功率开始变化时刻	
全站功率达到最大放电功率时刻	

2）数据记录、状态检查完毕后，在源网荷互动终端模拟
负荷恢复开入，检查 PCS 和 EMS 的动作情况，见表 3-22。

表 3-22　　　　　PCS 和 EMS 动作情况

项目	试验结果
PCS 动作情况	
EMS 动作情况	

（10）站内全部在运 BMS 硬触点信号动作行为测试。在
站端模拟 AGC 远方控制运行，并设置充电功率为 26MW，临
时闭锁 EMS 功率调节出口。在站端源网荷终端模拟全切指令，

PCS 响应后，在 BMS 舱内逐个短接至 PCS 的硬触点信号，检查 PCS 动作情况，见表 3-23。

表 3-23　　　　　　　　PCS 动作情况

PCS 编号	PCS1-1	PCS1-2	PCS2-1	PCS2-2
是否正确响应				
PCS 编号	PCS3-1	PCS3-2	PCS4-1	PCS4-2
是否正确响应				
PCS 编号	PCS5-1	PCS5-2	PCS6-1	PCS6-2
是否正确响应				
PCS 编号	PCS7-1	PCS7-2	PCS8-1	PCS8-2
是否正确响应				
PCS 编号	PCS9-1	PCS9-2	PCS10-1	PCS10-2
是否正确响应				

3.3　储能电站 AGC 功能试验

3.3.1　试验条件

（1）调度主站。

1）省调已经与 AGC 控制管理终端完成通信。

2）省调 AGC 闭环控制建模的反馈点为储能电站并网点有功，主站下发的储能电站有功控制指令均是依据此并网点给出。

3）省调已进行储能电站 AGC 建模，可以采用手动或自动方式通过与储能电站建立的通信通道下发遥调有功控制指令。下发遥调的数据信息类型参考火电厂 AGC 控制指令。

4）省调 AGC 模型可根据储能电站现场情况调节指令步长。

（2）储能电站。

1）储能电站监控系统及设备性能满足相关技术规范要求；

2）储能电站监控系统软件已通过安全测试与功能测试试验；

3）储能电站 PCS 具备有功控制能力，具备电网频率采集能力，且相应性能指标满足相关技术规范要求；

4）储能电站 AGC 控制系统已安装调试完毕并完成静态试验；

5）完成储能电站站内动态试验；

6）储能电站 AGC 控制系统与调度中心通信通畅；

7）储能电站监控系统和 PCS 系统已投产运行，并达到设计指标；

8）储能电站向调度机构提出 AGC 试验申请，提交一次检修申请单并获得批准；

9）主 – 子站动态联调前储能电站 SOC 容量应在 60%~80% 区间内；

10）AGC 控制管理终端与监控系统已经建立通信，且可以接收储能电站有功指令，自行根据储能电站运行情况调整各电池模块出力，并网点有功达到储能电站总有功目标。

3.3.2 试验内容

1. AGC 接口信息测试

AGC 接口信息测试内容主要包括 AGC 控制系统相关功能检查及 AGC 信号的静态联调等。在对 AGC 相关功能（调度请求控制信号保持、控制信号允许、AGC 远方 / 就地切换机制等）进行检查和完善后，在 AGC 控制系统上与调度进行 AGC 相关信号联调校验，确保控制回路正常、可靠。AGC 主要相关测点信号见表 3–24。

表 3–24 　储能电站 AGC 功能试验相关测点信号

测点类型	测点名称
遥测	AGC 控制对象有功目标反馈值
	AGC 控制对象 SOC 量测
	AGC 控制对象 SOC 上限
	AGC 控制对象 SOC 下限
	AGC 控制对象最大充电功率允许值
	AGC 控制对象最大放电功率允许值
	AGC 控制对象有功功率实际值
	AGC 控制对象最大功率放电可用时间
	AGC 控制对象最大功率充电可用时间
遥信	AGC 控制对象充电完成
	AGC 控制对象放电完成
	AGC 控制对象是否允许控制信号

续表

测点类型	测点名称
遥信	AGC 控制对象 AGC 控制远方就地信号
	AGC 控制对象充电闭锁
	AGC 控制对象放电闭锁
	AGC 控制对象调度请求远方投入 / 退出保持信号
遥控	AGC 控制对象调度请求远方投入 / 退出
	AGC 控制对象是否允许控制信号
遥调	AGC 控制对象有功功率目标值

2. AGC 功能投退测试

（1）储能电站在正常运行，检查并确认调度 AGC 有功功率指令能正确跟踪机组的实际有功功率。

（2）储能电站侧满足 AGC 投入允许条件，由调度人员投入本储能电站 AGC，储能电站检查是否收到"AGC 控制对象调度请求远方投入 / 退出（遥控）"信号，是否已运行在 AGC 方式，储能电站运行是否稳定、没有扰动。

（3）AGC 投入时，在储能电站侧画面上操作按钮，退出 AGC 方式，由调度人员检查本储能电站 AGC 是否已退出；储能电站侧检查运行是否稳定、没有扰动。

3. 设定功率试验

测试储能系统调节有功功率的能力，测试示意图如图 3-10 所示，将储能系统与公共电网相连，所有参数调至正常工作条件。

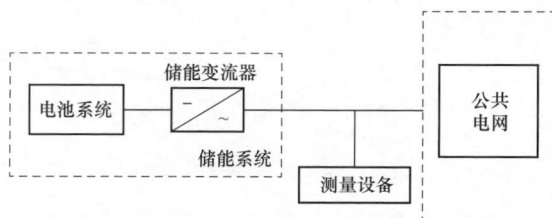

图 3-10   有功功率设定值控制测试示意图

测试方法如下：

（1）按图 3-11 所示，设置储能电站有功功率为 0，逐级升高充电有功功率至 $-0.25P_N$、$-0.5P_N$、$-0.75P_N$、$-P_N$，然后逐级降低充电有功功率至 $-0.75P_N$、$-0.5P_N$、$-0.25P_N$、0，各个功率点保持至少 30s，记录对应的功率值和变化曲线。

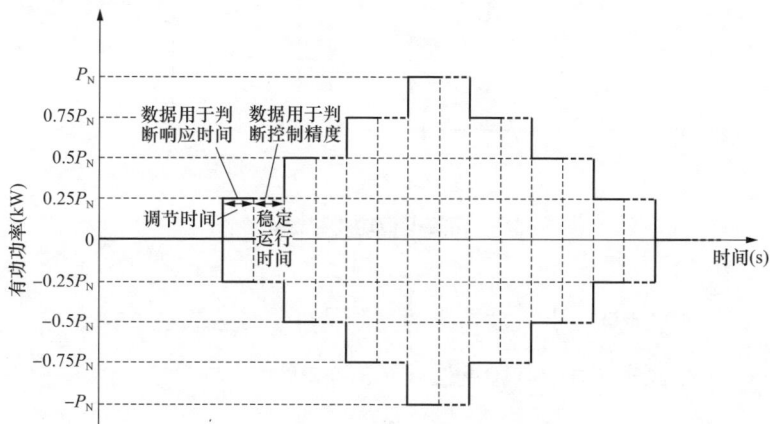

图 3-11   充放电有功功率测试曲线 1

（2）按图 3-11 所示，设置储能电站有功功率为 0，逐级升高放电有功功率至 $0.25P_N$、$0.5P_N$、$0.75P_N$、P_N，然后逐级降低放电有功功率至 $0.75P_N$、$0.5P_N$、$0.25P_N$、0，各个功率点保持至少 30s，记录对应的功率值和变化曲线。

（3）按图 3–12 所示，设置储能电站有功功率为 0，调节有功功率至 $0.9P_N$、$-0.9P_N$、$0.8P_N$、$-P_N$、P_N、$-0.8P_N$，各个功率点保持至少 30s，记录对应的功率值和变化曲线。

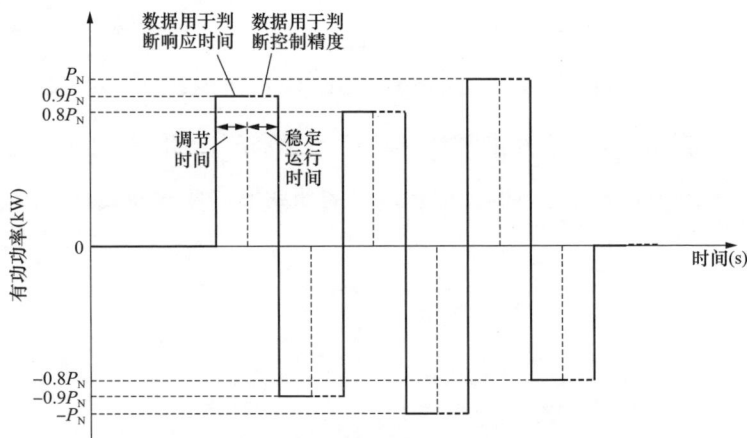

图 3–12　充放电有功功率测试曲线 2

（4）计算各点有功功率的控制精度，填入表 3–25。

功率设定值控制精度按式（3–4）计算

$$\Delta P\% = \frac{P_{set} - P_{meas}}{P_{set}} \times 100\% \qquad （3-4）$$

式中：P_{set} 为设定的有功功率值；P_{meas} 为实际测量每次阶跃后

第二个 15s 有功功率的平均值；$\Delta P\%$ 为功率设定值控制精度。

表 3-25　　储能电站有功功率设定值控制记录表

试验次数	初始有功	设定有功	稳定有功	控制精度
1				
2				
3				

4. 响应、调节时间测试

（1）充电响应时间测试。热备用状态下，储能系统本地监控系统自收到控制信号起，从热备用状态转为充电状态，测试其充电功率首次达到 90% 额定功率的时间。

（2）充电调节时间测试。热备用状态下，测试储能系统从开始充电到充电功率达到额定功率且功率偏差控制在额定功率的 2% 以内所需要的时间。

（3）放电响应时间测试。热备用状态下，储能系统本地监控系统自收到控制信号起，从热备用状态转为放电状态，测试其放电功率首次达到 90% 额定功率的时间。

（4）放电调节时间测试。热备用状态下，测试储能系统从开始放电到放电功率达到额定功率且功率偏差控制在额定功率的 2% 以内所需要的时间。

（5）充放电转换时间测试。正常工作状态下，测试储能系统从额定充电功率 90% 达到额定放电功率 90% 的时间与储能系统从额定放电功率 90% 达到额定充电功率 90% 的时间的平均值。

备注：热备用状态——储能系统已具备运行条件，设备保护及自动装置处于正常运行状态，向储能系统下达控制指令即可与电网进行能量交换的状态。

5. AGC 自动调节试验

调度主站依据电网频率和联络线功率偏差以及充放电可调上 / 下限下发 AGC 调节指令，查看储能电站能否跟踪指令。

3.4　储能电站 AVC 功能试验

3.4.1　试验条件

1. 调度主站

（1）调度 D5000 系统已经与 AVC 控制管理终端完成通信。

（2）调度 AVC 闭环控制建模的反馈点为储能电站并网点无功、电压，主站下发的储能电站无功、电压控制指令均是依据此并网点给出。

（3）调度已进行储能电站 AVC 建模，可以采用手动或自动方式通过与储能电站建立的通信通道下发遥调无功、电压控制指令。

（4）调度 AVC 模型可根据储能电站现场情况调节指令步长。

2. 储能电站

（1）储能电站监控系统及相关设备性能满足相关技术规

范要求；

（2）储能电站监控系统软件已通过安全测试与功能测试试验；

（3）储能电站 PCS 具备无功控制能力，且相应性能指标满足相关技术规范要求；

（4）储能电站 AVC 控制系统已安装调试完毕并完成静态试验；

（5）完成储能电站站内动态试验；

（6）储能电站 AVC 控制系统与调度中心通信通畅；

（7）储能电站监控系统和 PCS 系统已投产运行，并达到设计指标；

（8）储能电站向调度机构提出 AVC 试验申请，提交一次检修申请单并获得批准；

（9）主 – 子站动态联调前储能电站 SOC 容量应在 60%~80% 区间内；

（10）AVC 控制管理终端与监控系统已经建立通信，且可以接收储能电站无功、电压指令，自行根据储能电站运行情况调整各电池模块无功功率，并网点无功、电压达到储能电站总目标。

3.4.2　试验内容

1. AVC 接口信息测试

AVC 接口信息测试内容主要包括 AVC 控制系统相关功能检查及 AVC 信号的静态联调等。在对 AVC 相关功能（调度请求控制信号保持、控制信号允许、AVC 远方 / 就地切换机制等）进行检查和完善后，在 AVC 控制系统上与调度进行 AVC 相关信号联调校验，确保控制回路正常、可靠。AVC 相关信号主要包括：调度请求投入 / 退出（遥控）；无功功率控制目标（遥调）；AVC 远方 / 就地控制信号（遥信）、是否允许远方控制（遥信）、调度请求投入 / 退出保持信号（遥信）。

2. 设定无功功率试验

测试储能系统调节无功功率的能力，测试示意图如图 3–13 所示，将储能系统与公共电网相连，所有参数调至正常工作条件。

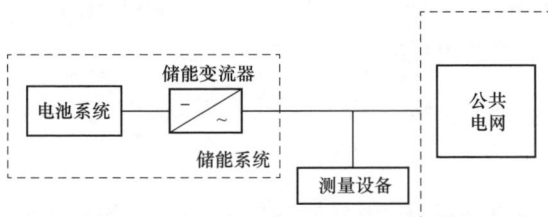

图 3–13　AVC 控制测试示意图

测试方法如下：

（1）设置储能系统有功功率为 0。

（2）调节储能系统输出无功功率设定值分别为 0、$0.25Q_N$、$0.5Q_N$、$0.75Q_N$、Q_N、$0.75Q_N$、$0.5Q_N$、$0.25Q_N$、0（Q_N 为储能电站额定无功功率），各个无功功率设定值保持 1min。

（3）调节储能系统输出无功功率设定值分别为 0、$-0.25Q_N$、$-0.5Q_N$、$-0.75Q_N$、$-Q_N$、$-0.75Q_N$、$-0.5Q_N$、$-0.25Q_N$、0，各个无

功功率设定值保持 1min。

（4）设置储能系统输出有功功率分别为 $0.5P_N$、P_N、$-0.5P_N$、$-P_N$（P_N 为储能电站额定有功功率），重复步骤（2）和（3）。

3. 设定电压目标值试验

（1）设置储能系统有功功率分别为 0。

（2）逐级下调 AVC 电压目标值，直至电压目标值达到调度要求的母线电压下限值或储能电站减无功功能闭锁，各个电压目标值保持 5min。

（3）逐级上调 AVC 电压目标值，直至电压目标值达到调度要求的母线电压上限值或储能电站增无功功能闭锁，各个电压目标值保持 5min。

（4）设置储能系统输出有功功率分别为 $0.5P_N$、P_N、$-0.5P_N$、$-P_N$，重复步骤（2）和（3）。

（5）在调度要求的母线电压运行范围内，设置一个 AVC 电压目标值，调节储能系统输出有功功率分别为 0、$0.5P_N$、P_N、$0.5P_N$、0、$-0.5P_N$、$-P_N$、$-0.5P_N$、0，各个有功功率值保持 5min。

（6）分别设置两个 AVC 电压目标值，重复步骤（5）。

4

电化学储能电站运行状态指标体系

电化学储能电站具备同时提供有功及无功支撑的能力，并网后一方面可有效增强电网对分布式电源的接纳能力及稳定电网末端节点电压水平，另一方面储能电站输出电能质量、并网充放电规律、功率调节及响应特性等又将对配电网安全可靠运行产生影响。此外，储能电站电池系统的性能、可靠性也将直接决定全站的安全稳定运行水平。当前国内储能电站巡视普遍存在人为因素较多、工作量大、效率低、管理不便等缺陷，人工巡视停留在监测数据表面，对采集的数据没有进行有效分析，不能及时准确地反映储能电站电池及相关设备的运行状况，难以满足储能电站安全运行的需求，亟须明确电化学储能电站运行指标的内容和统计方法。

4.1　运行状态指标体系

储能电站实施状态评价的内容包括设备状态监测数据及历史故障数据的收集和整理、故障特征的分析、评价指标的确定、评价模型的建立等方面，主要有以下特点：

（1）储能电站设备种类繁多，数量庞大。同一类型设备的故障率因安装和使用情况的差异而有所不同。因此，储能电站设备和元件的特性数据和原始参数必须通过长期的、连续的统计才能反映其真实规律。

（2）选定储能电站中最主要，发生故障最能对储能电站可靠性造成重大损失的设备，归类为储能电站关键设备，对关键设备优先进行状态评价，要分清主次抓重点，逐步实现整个系统的设备状态评价。

储能电站各性能通过所建立的指标体系反映出实际的健康状态，科学的指标体系能够客观准确地刻画出该状态情况。指标的选取直接影响评价结果的合理性，是状态评价方法研究的基础工作。储能电站运行状态特征量类型众多，并且不同的设备涉及的状态特征量各不相同，这些特征量从不同角度、不同层次反映设备的运行状况。因此，电化学储能电站运行状态指标与评价技术思路如图 4-1 所示，采用分层分类方法，将评价指标分为储能电站级和关键设备级。储能电站运行评价应全

面收集电站基本情况和运行数据资料，并根据主要技术经济
指标的统计结果，评价电站运行状况和效果。储能电站关键
设备运行评价分析较为贵重和关键的设备，可选择储能电池、
PCS、升压变压器为主要研究对象，分析设备当前状态评价中
采用的状态量，以及可扩展的其他运行状态信息，并对它们进
行分析和梳理。

图 4-1　电化学储能电站运行状态指标与评价技术思路

　　状态量是直接或间接表征储能电站状况的各种技术指标、
性能和运行情况等参数的总称，用来反映储能电站的技术性
能。当状态量发生变化时，将状态量的变化程度进行量化，
可获知储能电站相应性能或运行情况变化的程度。再根据状
态量本身对于储能电站的安全运行的影响程度，制定相应的
检修策略。

　　储能电站及关键设备状态量的选取，要求可以直接或间
接地表征储能电站及关键设备状态的各类信息，并且在技术上
有明确的标准和规范对状态进行判断。状态量的选取应遵循以
下原则：

（1）高度敏感性。设备状态的微弱变化应能引起状态量较大变化。

（2）高度可靠性。状态量是依赖于设备状态变化而变化的，如果把状态量取作因变量，设备状态取作自变量，则状态量应是设备状态的单值函数，通过状态量变化就能全面反映设备状态的变化情况。

（3）实用性（或可实现性）。状态量应是便于检测的，如果某个状态信息虽对设备状态变化足够灵敏，但从经济、技术方面考虑不易获得，那么这个状态参量就不宜作为设备状态评价中选用的状态量。

根据状态量对储能电站及关键设备性能及安全运行影响程度的不同，状态量可以被分为一般状态量和重要状态量两类。状态量的影响程度将以评分时扣分数量反映在评价过程中。

下面以储能电站、电池堆、PCS 这些最为常见和重要的站级和设备级为例，列出目前广泛采用的反映技术性能的状态量，主要包括表 4–1~ 表 4–6 所示的内容。

表 4-1　　　　　　储能电站运行状态量指标集

类型	状态量	说明
电量指标	储能电站上网电量	评价周期内储能电站向电网输送的电量总和
	储能电站下网电量	评价周期内储能电站从电网接收的电量总和

续表

类型	状态量	说明
电量指标	站用电量	评价周期内维持储能电站运行的监控系统、照明动力及暖通空调等所耗的电量总和
	运行小时数	统计评价周期内各储能单元的运行时间，并按照各储能单元的额定功率加权平均
	等效利用系数	统计评价周期内各储能单元的等效利用系数，再按额定功率加权平均
	储能单元充电量	评价周期内储能单元交流侧充电量的总和
	储能单元放电量	评价周期内储能单元交流侧放电量的总和
能效指标	电站综合效率	评价周期内储能电站生产运行过程中上网电量与下网电量的比值
	储能损耗率	评价周期内各储能单元充电、放电和能量储存过程中的电能损耗与下网电量的比值
	站用电率	评价周期内站用电量占下网电量的百分比
	变配电损耗率	评价周期内储能电站中为储能系统配套的输变电设备在运行过程中的电能损耗占下网电量的百分比
	储能单元充放电能量效率	评价周期内储能单元总放电量与总充电量的比值
可靠性指标	电站计划停运系数	评价周期内储能电站计划停运时间与统计时间的比值
	非计划停运系数	评价周期内储能电站非计划停运时间与统计时间的比值

类型	状态量	说明
可靠性指标	可用系数	评价周期内电站可用时间和统计时间的比值
	利用系数	评价周期内储能电站运行时间与统计时间的比值
	储能单元电池失效率	评价周期内铅酸电池、锂离子电池储能单元中失效单体电池数量与单体电池总数的比值
	电池（堆）簇相对故障次数	评价周期内储能单元中电池（堆）簇故障次数与单元中总的电池（堆）簇数量的比值

表 4-2　　　　BMS 电池堆运行状态量指标集

类型	状态量	说明 （状态量反映的设备状态变化因素）
模拟量指标	电池堆电压	电压一致性（15%）
	电池堆电流	电流一致性
	电池堆 SOC	SOC 一致性（10%）
	电池堆 SOH	SOH 一致性（10%）
	电池堆内阻	内阻一致性
	最高单体电压	电压超标
	最低单体电压	电压超标
	最高单体温度	温度超标
	最低单体温度	温度超标
开关量指标	组端电压欠压	异常

续表

类型	状态量	说明 （状态量反映的设备状态变化因素）
开关量 指标	组端电压过压	异常
	组端过流	异常
	单体过压	异常
	单体欠压	异常
	单体欠温	异常
	单体过温	异常
	单体 SOC 低	异常
	单体 SOH 低	异常
通信量 指标	PCS 和 BMS 通信 故障	通信故障
	EMS 和 BMS 通信 故障	通信故障
非电量 指标	外观完整	外观破损
	污秽	外观严重污秽或腐蚀
	标识齐全	各标识和警示标识不全，模糊、错误

表 4-3　　BMS 电池组运行状态量指标集

部件/类型	状态量	说明 （状态量反映的设备状态变化因素）
模拟量指标	电池组电压	电压一致性（15%）
	电池组电流	电流一致性
	电池组 SOC	SOC 一致性（10%）
	电池组 SOH	SOH 一致性（10%）

续表

部件 / 类型	状态量	说明 （状态量反映的设备状态变化因素）
模拟量指标	最高单体电压	电压超标
	最低单体电压	电压超标
	最高单体温度	温度超标
	最低单体温度	温度超标
开关量指标	组端电压欠压	异常
	组端电压过压	异常
	组端过流	异常
	单体过压	异常
	单体欠压	异常
	单体欠温	异常
	单体过温	异常
	单体 SOC 低	异常
	单体 SOH 低	异常
通信量指标	通信故障	通信故障
非电量指标	外观完整	外观破损
	污秽	外观严重污秽或腐蚀
	标识齐全	各标识和警示标识不全，模糊、错误

表 4-4 单体电池运行状态量指标集

部件 / 类型	状态量	说明 （状态量反映的设备状态变化因素）
单体电池 模拟量	单体电压	

部件 / 类型	状态量	说明 （状态量反映的设备状态变化因素）
单体电池 模拟量	单体 SOC	
	单体温度	
	单体 SOH	
非电量 指标	外观完整	外观破损
	污秽	外观严重污秽或腐蚀
	标识齐全	各标识和警示标识不全，模糊、错误

表 4-5　　　　PCS 运行状态量指标集

部件 / 类型	状态量	说明 （状态量反映的设备状态变化因素）
PCS 模拟 量指标	交流电压	电压合格率、三相不平衡度
	交流电流	过电流、三相不平衡度
	交流频率	频率异常
	电压谐波	谐波畸变率
	电流谐波	谐波畸变率
	交流有功功率	有功功率越限
	交流无功功率	无功功率越限
	交流功率因数	功率因数、无功补偿
	直流功率	功率越限
	直流电流	过电流
	直流电压	电压合格率
	PCS 模块温度	过温

续表

部件 / 类型	状态量	说明 （状态量反映的设备状态变化因素）
PCS 模拟 量指标	环境温度	温度异常
PCS 开关 量指标	交流过压	异常
	交流欠压	异常
	直流过压	异常
	直流欠压	异常
	直流过流	异常
	PCS 过温	异常
PCS 通信 量指标	通信故障	通信故障
PCS 非电 量指标	外观完整	外观破损
	污秽	外观严重污秽或腐蚀
	标识齐全	各标识和警示标识不全，模糊、错误

表 4-6　　　　升压变压器运行状态量指标集

部件 / 类型	状态量	说明 （状态量反映的设备状态变化因素）
升压变压器 模拟量指标	高压侧交流电压	电压合格率、三相不平衡度
	高压侧交流电流	过电流、三相不平衡度
	并网点交流频率	频率异常
	高压侧电压谐波	谐波畸变率
	高压侧电流谐波	谐波畸变率
	高压侧交流有功功率	有功功率越限

续表

部件 / 类型	状态量	说明 （状态量反映的设备状态变化因素）
升压变压器 模拟量指标	高压侧交流无功功率	无功功率越限
	高压侧交流功率因数	功率因数、无功补偿
	低压侧交流电压	电压合格率、三相不平衡度
	低压侧交流电流	过电流、三相不平衡度
	低压侧电压谐波	频率异常
	低压侧电流谐波	谐波畸变率
	低压侧交流有功功率	谐波畸变率
	低压侧交流无功功率	有功功率越限
	低压侧交流功率因数	无功功率越限
	绝缘电阻	绝缘电阻异常
冷却系统	机械特性	干变风机振动异常
	变压器温度	过温
分接开关、 断路器	分接开关、断路器性能	操作异常
非电量 指标	外观完整	外观破损
	污秽	外观严重污秽或腐蚀
	标识齐全	各标识和警示标识不全，模糊、错误

4.2 运行状态信息分类

储能电站在运行过程中会产生大量运行信息，包括巡检记录、操作维护记录、历史缺陷记录、故障跳闸、带电检测、在线监测数据等。这些运行信息是设备性能或运行状况的直观表达，可以通过计算处理或量化分析转化为状态量指标，用于评价设备状态。根据获取方式和频率的不同，储能电站设备的运行信息可以被分为定期运行信息、实时运行信息和历史运行信息三类。

4.2.1 实时运行信息

实时运行信息是体现储能电站系统运行状态最直接最重要的部分，运行过程中的信息数据最能反映各设备工作状态的优劣。实时运行信息主要来源于储能电站各设备的实时在线监测系统，用于反映设备实时的运行参数变化，进而对设备的异常运行状态予以关注。随着在线监测系统的发展，大量储能电站的状态特征量得以实现在线测量。这样，在对储能电站设备进行评估时，就不需要将设备停运，能极大提高可靠性。以升压变压器温度实时在线监测传感器为例，变压器绕组上或绕组内的温度往往是温度的最高点，称为热点温度。一般常用的热电偶和电阻式温度计只能监测到变压器的表面，而不能监测到绕组上的热点温度。目前确定热点温度的办法是监测变压器的某些参数并使用一个计算模型来计算热点温度，进而估计变压器的绝缘状况和寿命期望值。绕组温度可用光纤温度传感器来监测，将它装在绕组外侧表面顶部测量局部绕组的温度。实时类状态指标量如图4-2所示。

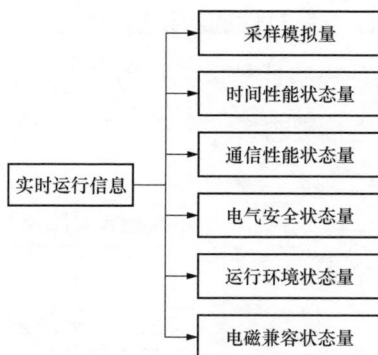

图 4-2　实时类状态指标量

4.2.2　定期运行信息

定期获取的运行信息主要包括巡检评价信息与带电检测信息等，通常一年进行一次，监测储能电站的运行性能。储能电站设备的巡检资料主要包括检修报告、例行试验报告、诊断性试验报告、有关反措执行情况、部件更换情况、检修人员对设备的巡检记录等。储能电站设备巡检状况不仅反映了其历史运行故障情况、同类型设备的产品质量等，而且关系到该设备未来运行的可靠性和稳定性，以便运行维护人员重点关注。

巡检选取监测的信息主要基于现行的状态检修导则，包括运行环境、设备外观、元件参数、是否存在破损或腐蚀等，用于综合反映设备的外部运行环境与自身健康状态。巡检状况状态指标量如图 4-3 所示：①定期检修情况：相关规程明确规定需对电力设备定期进行检测维修，并针对设备运行中发现

的故障和缺陷，采取针对性的纠正措施执行情况；②功能巡检
情况：设备功能的完整性是保证其完成相应功能的前提条件，
设备功能缺失将直接影响系统的安全性。

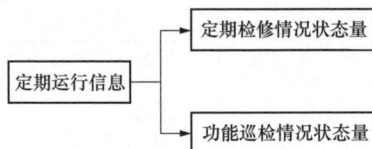

图 4-3　定期运行信息指标

4.2.3　历史运行信息

　　储能电站投运之后，一方面通过分析系统各设备历史运
行所出现的缺陷或异常以及运行故障，可以反映设备过去的工
作状态以及其对未来运行的影响；另一方面系统各设备的运行
时间在某种程度可以体现设备的健康状况。历史纪录信息主要
针对设备的历史缺陷或故障，用于排查设备的家族性缺陷，也
便于找出故障易发部件或设备进行重点关注。以储能单体电池
电压为例，通过历史数据曲线分析，可以预估单体电池的运行
健康状态。目前储能电站各设备历史运行状况的状态量主要包
括设备运行时间、设备运行中出现的缺陷情况以及设备运行考
核情况三类，其中缺陷情况又分为随机性缺陷和同型号（同批
次）设备的家族性缺陷。历史类运行状况状态指标量如图 4-4
所示。

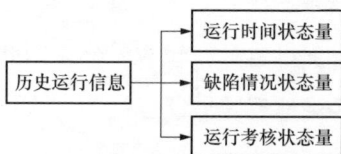

图4-4 历史类运行状况状态指标量

  储能电站系统的状态参量众多，且状态量之间存在模糊性，状态评价指标是保障状态评价结果真实有效的基础。遵循指标选取的相关原则，结合相关规程标准、测试技术及文献，从历史运行状况、实时运行状况以及定期运行状况三个方面统一建立储能电站各设备状态评价指标集，如图4-5所示。

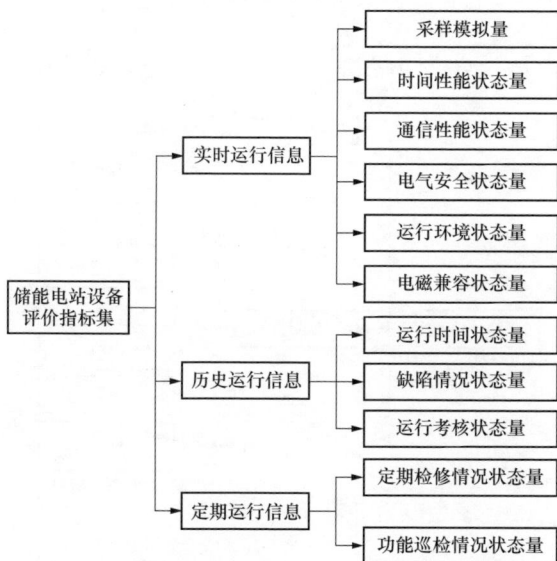

图4-5 储能电站设备状态评价指标集

由于储能电站各一次、二次设备结构特点与功能作用存在
差异，相应的状态参量也具有较大差异，因此为了使状态评价
指标能够准确、客观地反映储能电站各一次、二次设备运行状
态，并保证评价的可操作性，结合业内专家和运行人员经验以
及相关文献、规程、标准和测试技术，在图 4-5 的基础上对各
设备状态评价指标进行取舍和补充，由此建立完整的储能电站
各一次、二次系统状态评价指标集。具体包括：电池单体/组
指标集（见图 4-6）、PCS 指标集（见图 4-7）、升压变压器指标
集（见图 4-8）、保护装置指标集（见图 4-9）、智能终端指标集
（见图 4-10）、测控装置指标集（见图 4-11）、通信网络指标集
（见图 4-12）、同步时钟系统指标集（见图 4-13）等。

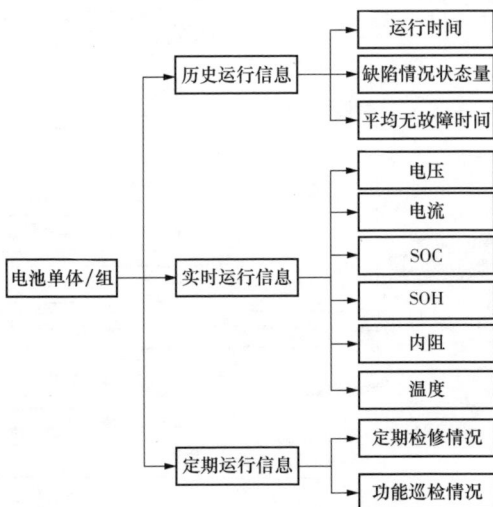

图 4-6 电池单体/组指标集

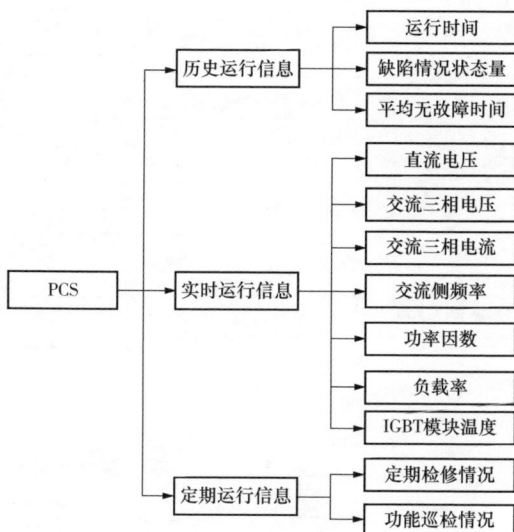

图 4-7 PCS 指标集

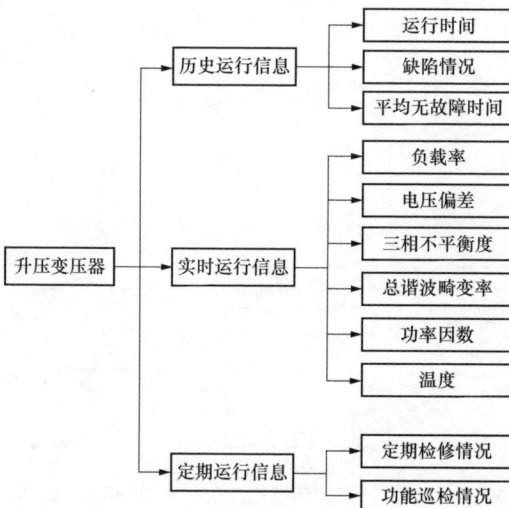

图 4-8 升压变压器指标集

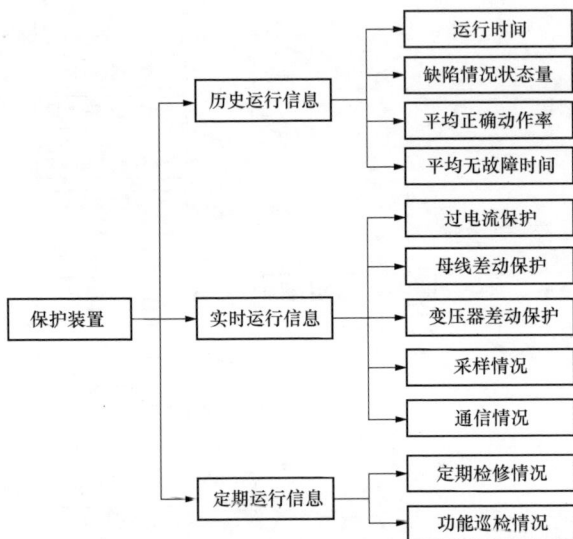

图 4-9 保护装置指标集

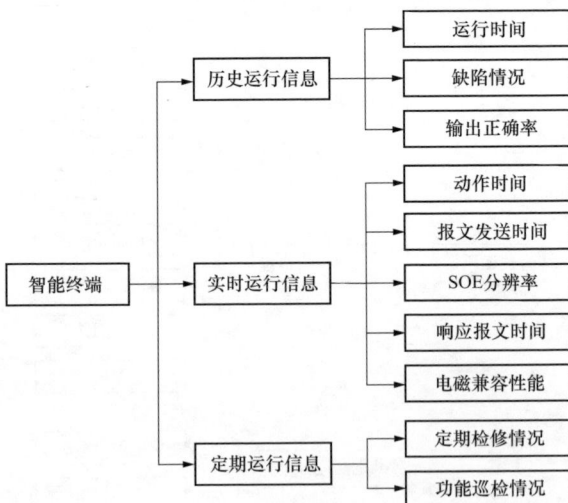

图 4-10 智能终端指标集

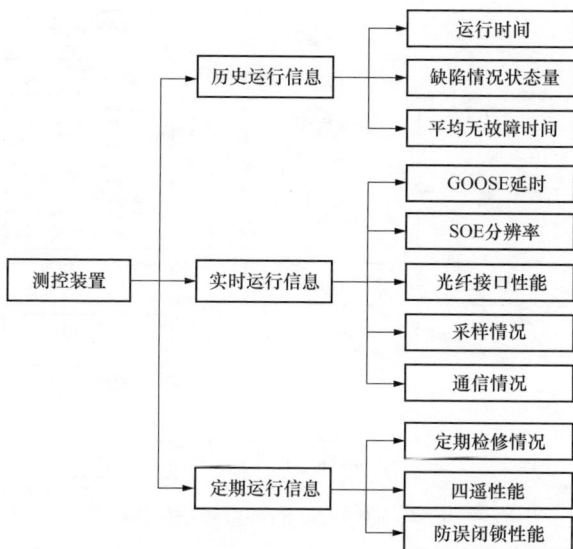

图 4-11 测控装置指标集

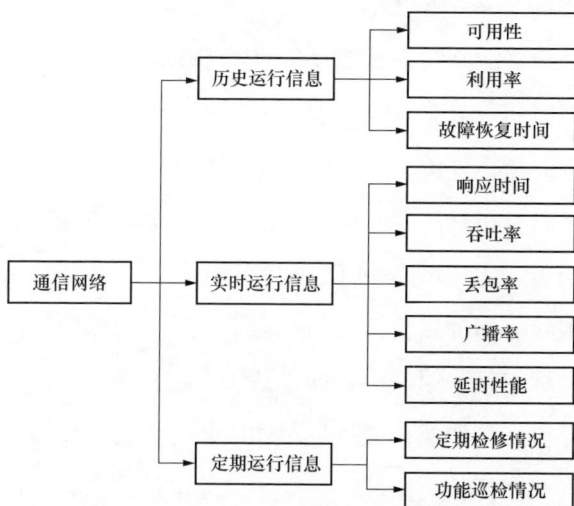

图 4-12 通信网络指标集

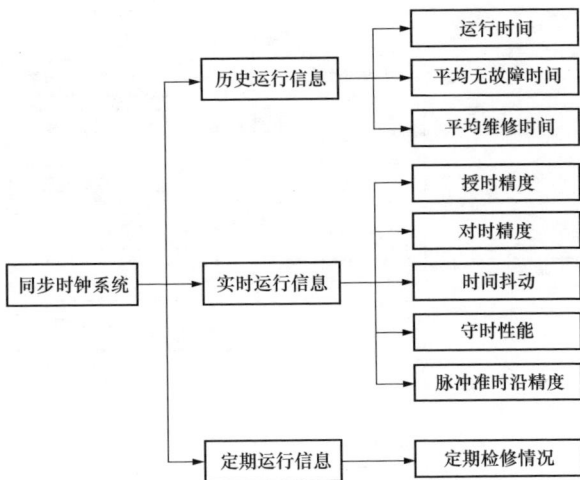

图 4-13　同步时钟系统指标集

　　在实际工程中，不仅需要了解储能电站系统运行的健康状况，并最好能判定系统或设备故障隐患的大致位置，以便有针对性对其进行预防检修。根据前述分析，将储能电站一次、二次系统的指标评价分为四层，从上至下依次为二次系统、设备、项目以及指标。第一层，即指标层，通过指标的状态隶属度分布可知该指标所反映设备状态的优劣；第二层，即项目层，根据状态指标属性将其归类为子项目，以便明确故障原因和确定指标权重；第三层，即设备层，融合各子项目对设备进行状态评价；第四层，通过各单体设备的状态对储能电站系统整体进行状态评价。由此，建立了储能电站一次、二次系统状态指标评价层次模型，如图 4-14 所示。

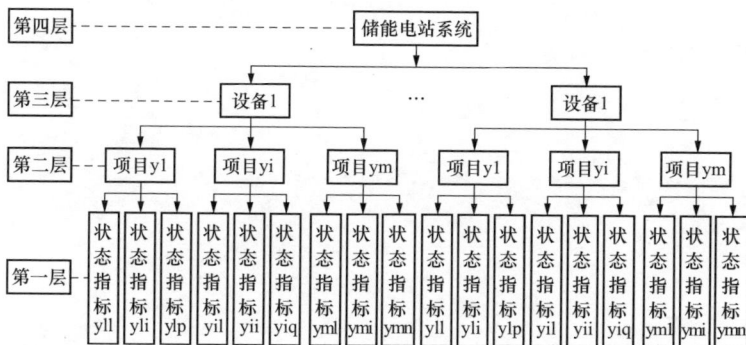

图4-14 储能电站一次、二次系统状态指标评价层次模型

综上，将基于各类运行信息的评价模型分别得出的评价结果进行融合后可得到基于多源信息的储能电站状态指标评价模型，从而综合反映储能电站及设备状态，如图4-15所示。

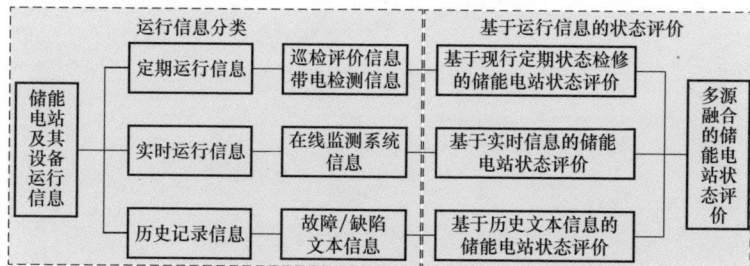

图4-15 利用储能电站运行信息进行状态指标评价框图

5

电化学储能电站设备状态自动化巡检方法

随着储能电站的大范围部署，其规模效应逐渐凸显，如何建立专业的运行维护和安全监控体系以保障电站的安全运行，已成为电网安全稳定运行的关键。智慧储能云平台系统在"互联网＋实体经济"政策带动下，能源行业同储能云也进行着新一轮变革，从新能源开发到综合管理平台建立，都在"源－网－荷－储"全流程对能源调度应用进行优化。智慧能源涉及行业众多，且已形成规模化发展，未来行业体量将呈指数增长，因此对该产业发展进行分析意义重大，智慧能源产业链从能源本身运作、能源信息采集处理、用户侧能源综合利用到检测认证三个流程环节。然而，现有相关规程和技术标准在储能电站的高效智能巡检、故障的提前预判和报警验真、储能电站数据价值挖掘、无人值守、远程运维等方面缺乏相应的理论指导和技术规程。这些技术的缺乏已对储能电站的安全运行造成实际影响。相关运维技术的缺乏已造成储能电站应对复杂环境能力弱、安全监测与远程运维手段不足、全景数据感知和状态模型缺乏、数据利用效率低、数据量大等问题，亟待解决。

5.1 设备状态自动化巡检需求

5.1.1 自动化巡检的执行

（1）通过手工开启方式，开始自动化巡检。

（2）分充电、放电、静置三种状态巡检。

（3）实现所有巡检指标的检查、记录检查值、将检查值和指标范围进行比对，判定结果是否异常。

（4）支持分类巡检，比如支持指定仅对 PCS 或电池堆进行分类单独巡检。

5.1.2 巡检报告

（1）生成单次巡检报告。报告内容包含：巡检指标中设定的模拟量、开关量、通信状态等。

（2）巡检报告导出，要给出一个正常 / 异常的判断，异常的要导出异常设备的数据。

（3）历史报告列表呈现，分页查询。可通过时间、充放电状态等关键字检索查询。

（4）对每次告警状态、故障状态进行归类记录，可以用于评估整个储能电站电池系统的薄弱点，为检修提供依据。

5.1.3 巡检内容需求

自动化巡检主要对电池、电池管理系统（BMS）、储能变流器（PCS）、监控系统、继电保护及安全自动装置、通信系统等设备的运行工况和实时数据进行比对，判定结果是否异常。主要包括模拟量校核、开入量状态校核、保护定值校核、连接片状态校核、告警统计等。

1. 模拟量校核

模拟量校核主要针对电池、储能变流器（PCS）、变压器等设备的运行工况和实时数据（电流电压采样值）进行多数据源之间幅值和相位的比对及三相不平衡度的计算。考虑到采样环节中各种误差，不同装置的采样值不可能完全一致，设置误差在 5% 之内即认为一致；不同装置上送的模拟量数据不完全一致，对比仅针对两套不同装置均上送的量，如电池电压，PCS 直流电压、电流，三相电压、电流，差动电流及零序电压电流等；对各装置采样的电压或电流进行一致性、不平衡度计算，以检查幅值及相位是否平衡。主要步骤如下：

（1）召唤模拟量。支持手工选定或设定批量设备自动进行模拟量召唤。

（2）电池电压一致性、PCS 等三相电流、电压平衡检查。对设备回应的模拟量结果进行分析计算，检查电压幅值和相角是否平衡。

（3）与主（备）一致性检查。核查同个一次设备（或不同设备间的相同模拟量）下 BMS、EMS、测控之间的三相电流、电压值的一致性，对比误差大于 5% 时按不一致处理。

（4）告警。对于发现不一致、越限或变化率越限的情况进行告警提示。

（5）校核结果。校核完毕后，支持生成全部设备检查记录表（见表 5-1）。

表 5-1　　　　　　　　模拟量核对明细表

序号	厂站	设备装置	对比标准	是否正确	详细
1		电池堆 1~N 的电压	（1）直流侧电压一致性；（2）三相电流电压平衡；（3）与主（备）采样对比误差小于 5%	是	
2		PCS		否	明细
3		变压器		是	
4		继电保护		是	
5		…		是	

2. 开入量状态校核

储能电站各装置正常运行时会采集一些接点状态信息，在运行方式不发生变化的情况下，其状态是固定不变的，在装置通过 1 和 0 来显示是否有开入。主站系统将开入量状态召唤上来后通过人工核对无误后作为基准值，然后主站系统可以手动选择指定设备或自动对选定的批量设备召唤实际运行定值，与选定的基准值进行比对，不一致时给出告警信息及比对结果，见表 5-2。

表 5-2　　　　　　　　　开关量核对结果

场站名称：			
序号	开入量名称	基准值	实际值
1	电池组 1~N 断路器投入	1	1
2	PCS 1~N 投入	1	1
3	变压器高压侧断路器投入	1	1
4	变压器低压侧断路器投入	1	1
5	接地开关分合	0	0
6	通信系统	1	1
7	差动保护 A 相跳位继电器	0	0
8	差动保护 B 相跳位继电器	0	0
9	差动保护 C 相跳位继电器	0	0
10	差动总投入	1	0
11	分相差动投入	1	1
12	零序差动投入	1	1
13	差动保护 A 相跳闸反馈	1	1
14	差动保护 B 相跳闸反馈	1	1
15	差动保护 C 相跳闸反馈	1	1
⋮			

3. 保护定值校核

保护定值校核主要包括基准定值单的设置、定值核对及生成核对结果三部分。

（1）基准定值单的设置。可能实现的方式有三种：一是收集省电网下属各地局在用储能电站的各类型继电保护设备的定值单，按设备类型进行核对，并最终形成全网统一格式的定值单；二是与定值整定计算程序接口，开发专用的格式；三是通过召唤继电保护装置内的当前定值，通过人工核对后固化为定值核对的基准。

（2）定值核对。支持手工选择指定保护或自动对选定的批量保护召唤实际运行定值，与选定的基准值进行比对，不一致时差异、高亮显示，并给出告警。

（3）生成核对结果。核对完毕后，可生成全部设备核对记录表，并对异常的定值单和装置给出告警信息，保护定值核对结果见表5-3。

表5-3　　　　　　　　保护定值核对结果

序号	厂站	设备信息		对比标准	是否一致	详细
		保护装置	定值单编号			
1		单体电压上下限保护		装置实际的定值与最新定值单要求一致	是	
2		单体电流上下限保护			否	明细
3		单体温度上下限保护				
4		变流器孤岛保护				

序号	厂站	设备信息		对比标准	是否一致	详细
		保护装置	定值单编号			
5		过流三段保护定值		装置实际的定值与最新定值单要求一致		
6		反时限过流三段保护定值				
7		零序电流Ⅰ侧、Ⅱ侧三段保护定值				
8		线路保护（过流、相间距离、零序方向等）				
⋮						

4. 连接片状态校核

连接片状态包括功能连接片、软连接片及出口连接片。其中功能硬连接片和软连接片装置均可以作为开关量采集到装置中，并上送到主站系统。

（1）基准状态管理。连接片状态的监测首先需要设置基准状态，在一次设备正常运行过程中，连接片投退状态是固定的。因此，主站系统远程将装置正常投运时的连接片状态召唤上来，人工核对无误后设置为基准值，支持基准值的编辑和查看。

（2）连接片状态核对。支持手工选择指定设备或自动对选定的批量设备召唤实际状态量，与设定的基准值进行比对，不一致时给出告警信息及比对结果。

（3）生成核对结果。开关量核对完毕后，支持生成全部设备核对记录表，并对异常量和装置给出告警信息，见表5-4。

表5-4　　　　　　　　连接片核对结果

序号	厂站	保护装置	对比标准	是否一致	详细
1		保护软连接片		是	
2		低频软连接片		否	明细
3		低压软连接片		是	
4		过频软连接片		是	
5		过压软连接片	装置实际的状态量与设定基准值一致	是	
6		线路1软连接片		否	明细
7		线路2软连接片		是	
8		线路3软连接片		是	
9		…		是	
10		…		是	
11		…		否	明细

5. 告警统计

（1）告警分类。支持对告警信息灵活分类、定制，将表征保护故障告警（如电池过欠压、过温、模拟量采集错、ROM错、EEPROM错、SRAM自检异常、FLASH自检异常、跳闸矩阵定值错等）和运行异常告警（如TA断线、跳位异常、长期有差流、远跳开入异常、差动连接片不一致、纵联保护地址错等）进行明确区分。同时对各类告警信息进行严重等级分类，对于影响储能电站正常运行或会引起电池、保护不正确动作的告警应作为一级信息，瞬时自动上送，及时提醒专业技术人员进行判别处理。对于其余告警信息，根据其性质合理划分等级，自动上送主站。力求告警信息清晰可见，解决大量重复的垃圾信息的湮没效应。

（2）告警统计。支持对指定时间段内指定的单个或批量保护设备的告警情况进行统计，并形成统计结果表。

5.2 设备状态自动化巡检与校验

5.2.1 自动化巡检步骤

对储能电站相关设备运行状态进行同维度高密度的数据对比，直观反映电站运行状态。对异常数据标定，使监视人员直观地了解电站关键设备的运行情况，及时、准确地掌握设备异常信息。

一、指标显示

依据层次关系，从储能电站、PCS、电池、电池簇多个级别监视储能电站运行工况。其中储能电站级的监视支持图文混合总览、一次接线图、表格数据全揽等方式，PCS、电池监视支持图表混排综合展示运行状态，电池簇监视支持单体信息的全揽。多级监视支持数据的下传，即在当前级别下对下一级设备的异常进行高亮，引导用户点击监视异常设备，提高监盘效率。

1. 站级数据图文总览

集成展示储能电站当前运行状态，展示内容如下：

（1）电站基本信息：

1）电站名称；

2）电站电池类型及电池监控入口；

3）电站装机容量；

4）电站运行时间。

（2）电站总 SOC。

（3）电站总有功功率。

（4）电站日充电量。

（5）电站总充电量。

（6）电站储能单元在线数量。

（7）电站总无功功率。

（8）电站日放电量。

（9）电站总放电量。

（10）电站实时 SOC 变化曲线。

（11）电站每日充放功率曲线。

2. 站级一次接线图

系统可按照电力相关的标准展示储能电站的一次接线图。

其中，每条线路可显示此线路的断路器状态、手车位置（隔离开关位置）、接地开关位置、A 相电流、B 相电流、C 相电流、有功功率、无功功率，同时，可在监控画面上标明断路器、隔离开关、接地开关的编号和线路的名称。

对于储能电站的出线，可显示此线路的断路器状态、手车位置（隔离开关位置）、接地开关位置、A 相电流、B 相电流、C 相电流、有功功率、无功功率、功率因数、线路电压。

对于各电压等级母线，可显示此母线的 U_a、U_b、U_c、U_{ab}、U_{bc}、U_{ca} 和母线 TV 的位置信号。

一次接线图支持画面漫游、无级缩放。

3. 站级数据巡视

对储能电站相关设备运行状态进行同维度高密度的数据对比，直观反映电站运行状态。对异常数据标定，使监视人员直观地了解电站关键设备的运行情况，及时、准确地掌握设备异常信息。

（1）储能单元（电站）充电电量、放电电量、效率。

（2）站用电率、变配电损耗率（根据《电化学储能电站运行指标及评价》选取指标）。

（3）单体电压一致性。

（4）储能单元与整站功率流。

（5）电池 SOH 等设备状态评价指标。

（6）可充可放功率。

（7）储能单元运行状态。

（8）AGC 响应指标。

（9）可靠性指标。

（10）电池失效率。

4. PCS 数据

通过设备列表可展开所有 PCS 列表，集中显示全站 PCS 运行状态，迅速标记有故障的 PCS 设备，为监视人员提供了有效的管理、监督手段。

支持监视 PCS 每日充放电量及当日充放电趋势，对 PCS 重要模拟量和数字量数据标定处理着重显示，对 PCS 所有模拟量和数字量数据以列表方式显示。

5. 电池堆数据

通过设备列表可展开所有电池堆列表，集中显示全站电池堆运行状态，迅速标记有故障的电池堆设备，为监视人员提供了有效的管理、监督手段。

支持监视电池堆各电池簇数据对比，如荷电状态、健康状态、总电压、总电流等，以及各簇单体状态的分布，对电池堆重要模拟量和数字量数据标定处理着重显示，对电池堆所有模拟量和数字量数据以列表方式批量显示。

6. 电池簇数据

通过选择电池堆可展开属于该电池堆的电池簇设备，实时显示电池簇运行状态。支持显示电池簇所有单体电压、温度，对电池簇重要模拟量和数字量数据标定处理着重显示，对电池簇所有模拟量和数字量数据以列表方式批量显示。

（1）电压数据：选取充电末端或放电末端时刻电池电压数据，上位机应显示如图 5-1 所示界面。

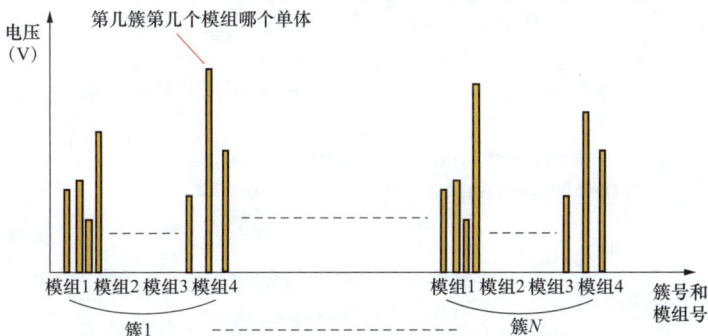

图 5-1　充电末端或放电末端时刻电池电压数据示意图

注：1. 纵坐标表示单体电压数值，横坐标表示簇号和模组号。

2. 纵坐标电压值尺度范围可调。

3. 橙色柱状图表示单体电压数值大小，如模组 1 内有 192 个单体，就会有 192 个柱状图，4 个模组为 1 簇，针对不同的储能系统，模组数内的单体数不同。

4. 鼠标点击任意一个柱状图时，柱状图旁应能显示当前单体电压值大小及对应哪簇哪个模组哪个单体，如图中红箭头所示。

（2）电流数据：选取充电（放电）开始时刻到充电（放电）结束时刻的所有簇电流数据，上位机应能显示如图 5-2 所示界面。

时间：201×/×/×　×:×:× 至 201×/×/× ×:×:×，如 2022/9/2 12:25:09 至 2022/9/2 13:55:34。

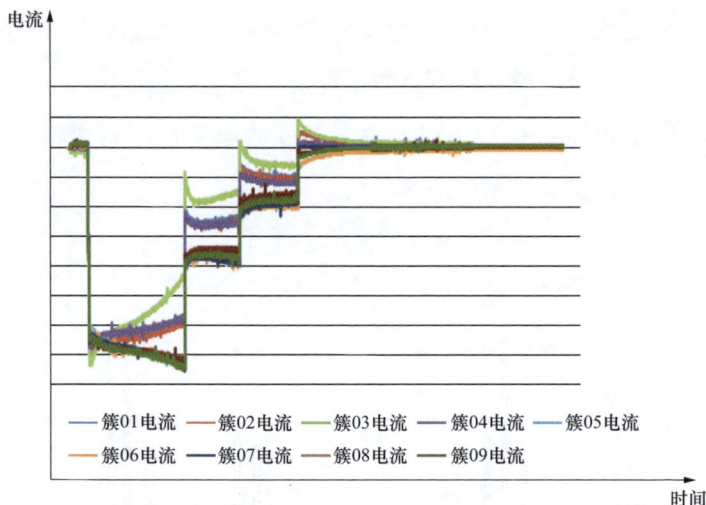

图 5-2　选取充电（放电）开始时刻到充电（放电）结束时刻的
所有簇电流数据示意图

注：1. 纵坐标表示簇电流值，横坐标表示时间。

2. 纵坐标电流值尺度范围可调。

3. 曲线表示簇电流随时间变化的规律，鼠标点击任意一条曲线时，曲线
上应能显示当前簇电流值大小及对应哪簇号。

4. 曲线应能被鼠标拖动放大观看。

（3）温度数据：选取任意某一时刻（常温静置、充电末
端、放电末端、充放电过程）电池温度数据，上位机应能显示
如图 5-3 所示界面。

二、状态巡检（手动启动）

储能电站自动化巡检主要包括以下内容：

（1）定值巡检：BMS、PCS 等二次设备定值巡检，根据下
发定值与召唤的装置定值进行比对。

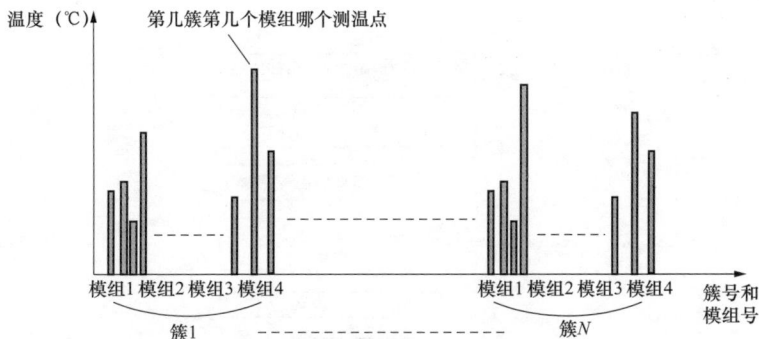

图 5-3　选取任意某一时刻电池温度数据示意图

注：1. 纵坐标表示温度数值，横坐标表示簇号和模组号。

　　2. 纵坐标温度值尺度范围可调。

　　3. 红色柱状图表示温度数值大小，如模组 1 内有 20 个测温点，就会有
　　　 20 个柱状图，4 个模组为 1 簇，针对不同的储能系统，簇的模组数不同。

　　4. 鼠标点击任意一个柱状图时，柱状图旁应能显示当前温度值大小及对
　　　 应哪簇哪个模组哪个测温点，如图中红箭头所示。

（2）模拟量巡检：检验 BMS、PCS、测控采样的正确性，PCS 电压不平衡度、是否谐振。

（3）开关量巡检：采集的开关量与实际状态是否相符。

（4）通信状态检验：对无故障时的关键通信、控制设备可靠度和通信可靠度的在线检验。

具体地，储能电站自动化巡检流程如图 5-4 所示。每步流程分析如下：

（1）巡检指标构建。

1）从站点测点和系统指标中，选择要作为指标的量。在软件实施时，配置人员根据各储能电站的实际情况，对数据源

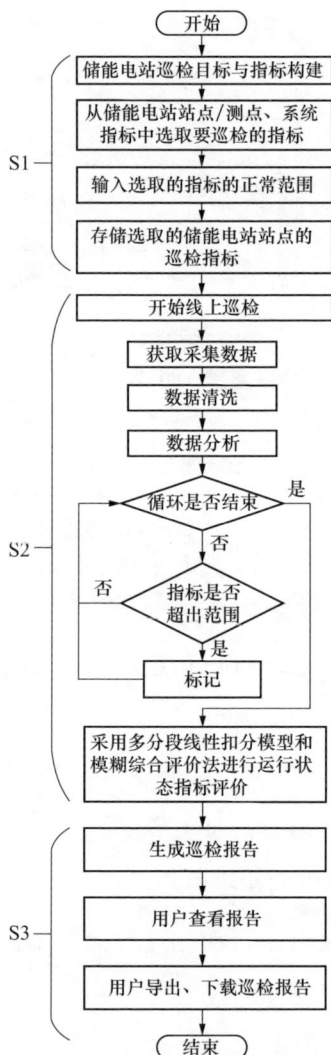

图 5-4　储能电站自动化巡检流程图

相关属性及分类进行加工，完善数据与设备对象的映射关系。

2）用户手动输入相应的正常范围值。

需要注意：

1）每个站点有自己的一套巡检指标，相互不会影响。

2）前期需要较多的初始化工作。

3）充电、放电、静置情况下每个指标的正常范围可能不同。例如放电末尾的电压一定比充电末尾要低。

（2）巡检前操作。

1）选择本次要巡检的设备。可以单独选一个 / 一类设备，做到分类单独巡检；也可以同时选择多种、多个设备。

2）点击按钮，手动开始巡检。

（3）自动巡检。

1）系统根据选择的设备数量，估算需要的时间，在界面上进行提示。根据巡视任务配置内容和设备数据关联关系。

2）自动获取数据，通过数据接口，在指定时间向 D5000 系统、保信系统、视频监控系统采集目标数据。

3）根据既定的各类巡视对象数据属性规则，判断数据的完整性、唯一性、权威性、合法性是否符合要求，为数据分析提供前提。

4）用数据积累模型将关联数据进行分类整理，根据巡视任务配置的巡视策略，将清洗后的数据与各自的参考值、参考范围进行比对，判断其是否存在异常情况。

（4）形成报告。

1）结果展示。以巡视报告的方式呈现每次智能巡视分析结果，内容包括巡视时间、巡视设备、巡视异常情况统计、实时值记录、参考值记录、处理建议等。同时，通过数据历史曲线、多维数据分析等功能，对设备状态进行趋势性预测，协助用户快速了解设备安全风险，合理安排检修工作。如图5-5所示。

	设备类型	设备名称	指标类型	指标名称	最小值	最大值	检查值（实际值）	判定结果
1	PCS	1-1#PCS	模拟量	交流电压	80	100	110	异常

图 5-5 巡视报告结果展示图

2）历史报告形成列表，可按时间、充放电状态等查询。

5.2.2 巡检数据分析判定策略

1. 容量衰减

（1）现象。

1）电芯在充电时，充电电压上升快，到充电末端时电压高；

2）电芯在放电时，放电电压下降快，到放电末端时电压低。

（2）数据选取方法。选取充电末端和放电末端时刻电芯的电压数据。

（3）软件判定策略。

1）对充电末端的各模组电芯电压数据求取平均值，高于平均值 x mV 的电芯，阈值 x 可设，x 暂定 20，可以认为电芯电压偏高；

2）对放电末端的各模组电芯电压数据求取平均值，低于平均值 x mV 的电芯，阈值 x 可设，x 暂定 20，可以认为电芯电压偏低；

3）充电末端电压偏高和放电末端电压偏低若为同一电芯，则可判定该电芯容量不足。

（4）建议。针对容量不足的电芯进行更换。

2. SOC 不一致

（1）现象。电芯在充电末端电压先变高或在放电末端电压先变低，表明电芯 SOC 与其他电芯 SOC 存在差异。

（2）数据选取方法。选取充电末端和放电末端时刻的电芯电压数据。

（3）软件判定策略。

1）对充电末端的各电芯电压数据求取平均值，高于平均值 x mV 的电芯，阈值 x 可设，x 暂定 20，可以认为电芯电压偏高；

2）对放电末端的各电芯电压数据求取平均值，低于平均值 x mV 的电芯，阈值 x 可设，x 暂定 20，可以认为电芯电压偏低；

3）充电末端电压偏高和放电末端电压偏低若不是同一电芯，则可判定该电芯 SOC 与其他电芯有差异。

（4）建议。开启 BMS 自动均衡修复。

3. 簇电流不一致

（1）现象。在充电或放电过程中，各簇出力不一致，即有的簇电流大，有的簇电流小。

（2）数据选取方法。选取充电（放电）开始到充电（放电）末端整个过程中的所有簇电流数据。

（3）软件判定策略。

1）对应充电（放电）开始到充电（放电）末端整个过程，找出该过程中各个时刻所有簇电流的最大值与最小值。

2）求取各个时刻所有簇电流的平均值。

3）求取各个时刻的［（最大值－最小值）/平均值］。

4）对于求取的各个时刻的［（最大值－最小值）/平均值］，找出其中的［（最大值－最小值）/平均值］的最大值。

5）若［（最大值－最小值）/平均值］的最大值超过 $±x\%$，阈值 x 可设，x 暂定15，可认为簇电流不一致。

（4）建议。通过更换电池模组改变簇内阻，通过便携式电池模组充放电设备对簇电流大的或小的簇进行放电或充电。

4. 环流偏大

（1）现象。在充电结束或放电结束时，各簇电流还存在一定数值。

（2）数据选取方法。环流开始时刻，提取电流数据截面（例如充电20个，放电20个，数据截面包含所有簇电流数据）。

（3）软件判定策略。观察每簇的环流数据，各簇环流的

绝对值大小应在 x 范围内，阈值 x 可设，x 暂定 2A，超过该值则认为该簇环流偏大。

（4）建议。通过便携式电池模组充放电设备对各簇进行相应充电或放电，调整各簇电压尽量达到一致。

5. 温度异常

（1）现象。

1）电池系统在常温静置、充电末端、放电末端及充放电过程中不同测温点温度数据存在很大差异。

2）某个电池包的某个 BMU 的某个测温点温度数据显示 $-50℃$。

（2）数据选取方法。

1）选取电池系统在常温、静置条件下（充电末端或放电末端）的温度数据。

2）剔除所有无效测温点温度数据，无效温度数值显示为 $-50℃$。

3）求取所有有效温度数据的平均值（去掉温度排序上限、下限各 10 个数量后的平均值）。

（3）软件判定策略。将所有测温点的温度数据与所求得温度数据平均值进行比较，对于温度高于和低于平均温度 $x℃$ 的温度传感器，阈值 x 可设，x 暂定 2，可以认为存在精度问题或故障问题。

（4）建议。更换存在故障或精度问题的温度传感器，紧固温度采集线，更换 BMU。

6. 电压异常偏高

（1）现象。电池系统在静置时刻，个别单体电压异常偏高。

（2）数据选取方法。选取电池系统在静置条件下的电压数据。

（3）软件判定策略。

1）剔除电池包中单体电压最高的和最低的各 3 个，求取剩余单体电压的平均值。

2）个别单体电压异常偏高平均值 x mV 以上，阈值 x 可设，x 暂定 50，可能是 BMU 电压采样线松动、断线或 BMU 采样硬件故障。

（4）建议。紧固采样端子，更换 BMU。

7. 电压异常偏低

（1）现象。电池系统在静置时刻，个别单体电压异常偏低，且电压持续下降。

（2）数据选取方法。选取电池系统在静置条件下的电压数据。

（3）软件判定策略。

1）剔除电池包中单体电压最高的和最低的各 3 个，求取剩余单体电压的平均值。

2）个别单体电压异常偏低平均值 x mV 以上，阈值 x 可设，x 暂定 100，可能是 BMU 采样回路功耗太大或内部形成短路。

（4）建议。更换 BMU。

8. 电压显示

（1）现象。从 BSMU 触摸屏上看，部分单体电压或整包的单体电压显示为 –1。

（2）数据选取方法。选取电池系统在静置条件下的电压数据。

（3）软件判定策略。若发现部分单体电压或整包的单体电压数据为 –1，可能是 BMU、BCMU 通信故障，通信端子松动。

（4）建议。紧固通信端子线，检查通信。

9. 电压来回跳动

（1）现象。电池系统静置状态下，发现 2 个单体电压一直在跳跃（跳跃幅度：3205~3225/3184~3204mV），而其他单体电压基本不变化（3088/3089mV）。

（2）数据选取方法。电池系统在静置条件下，选取 2min 时段的电压数据。

（3）软件判定策略。2min 时段内，若发现单体电压有来回跳动 x mV 左右的，阈值 x 可设，x 暂定 20，可认为是电池模组内采样板螺钉没有拧紧，导致信号跳跃变化。

（4）建议。紧固电池模组内采样板螺钉。

5.2.3　巡检数据分析报表生成策略

在对储能电池系统数据分析完后，应能输出一份数据分析报表，以便运维人员能直观地了解、定位出电池故障类型以及解决措施。报表示例见表 5-5。

表 5-5　　　储能电站巡检数据分析报表示例

故障类型	故障定位	电压平均值	偏离平均值	建议
容量衰减	如第 2 簇 4 模组 190 单体容量衰减	3200mV	高于平均值 50mV	针对容量不足的单体进行更换
SOC 不一致	如第 2 簇 4 模组 190 单体的 SOC 与其他单体 SOC 不一致			开启 BMS 自动均衡修复
簇电流不一致	故障定位	最大值	最小值	建议
	如第 2 簇电流最大，第 4 簇电流最小	12A	9A	簇内进行模组更换使得簇内阻尽量一致
环流偏大	故障定位	环流大小		建议
	如第 2 簇环流偏大	3A		通过便携式电池模组充放电设备对环流大的充电或放电，调整各簇电压尽量达到一致

续表

故障类型	故障定位	电压平均值	偏离平均值	建议
温度异常	故障定位	平均值	偏离平均值	建议
	第 2 簇第 3 个模组测温点 51 温度数据高于平均值温度	25℃	2℃	更换存在故障或精度问题的温度传感器，紧固温度采集线，更换 BMU
	第 2 簇第 3 个模组测温点 51 温度数据显示 −50℃			
电压异常偏高	故障定位	平均值	高于平均值	建议
	第 2 簇 4 模组 190 单体电压偏高	3200mV	80mV	紧固采样端子，更换 BMU
电压异常偏低	第 2 簇 4 模组 190 单体电压偏低	3200mV	80mV	更换 BMU
电压显示 −1	故障定位	建议		
	第 2 簇 4 模组 190 单体电压显示 −1	紧固通信端子线，检查通信		
	第 2 簇 4 模组所有单体电压显示 −1			
电压来回跳动	故障定位	实际值	跳跃幅度	建议
	第 2 簇 4 模组 190 单体电压一直在跳跃	3205mV	30mV	紧固电池模组内采样板螺钉

5.3 模拟量/开入量校核、定值远方校核与修改

5.3.1 模拟量/开入量校核

1. 模拟量校核

模拟量校核主要针对电池、储能变流器（PCS）、变压器等设备的运行工况和实时数据（电流电压采样值）进行多数据源之间幅值和相位的比对及三相不平衡度的计算。考虑到采样环节中各种误差，不同装置的采样值不可能完全一致，设置误差在 5% 之内即认为一致；不同装置上送的模拟量数据不完全一致，对比仅针对两套不同装置均上送的量，如电池电压，PCS 直流电压、电流，三相电压、电流，差动电流及零序电压电流等；对各装置采样的电压或电流进行一致性、不平衡度计算，以检查幅值及相位是否平衡。

由于模拟量信息具有不同的特点，需根据信息类型及其运行特性，使用不同的巡视策略，提出使用以下三种策略相结合的方法。

（1）参考范围比对策略。对于电压采样值等，因其具有长期运行在一定范围内的特点，可采用参考值范围比对策略。结合相关规范和实际运行数据，为被测量设置上下限，超出合理区间时报警。此策略可基于相关规范指标进行优化，结合历史运行数据适当缩小参考值区间，达到早感知、早报警、早处

理的目标。

（2）波动幅度比对策略。对于储能电池温度等内部状态采样值，其在一段时间内波动幅度较小，并不容易设定其绝对值范围，可采用与前一次采样计算差值的巡视策略，当差值过大时表示装置存在异常情况。

（3）关联数据比对策略。对于双套配置的通信系统、保护装置、智能终端及过程层设备，可采用 A 套数据和 B 套数据互相比较的巡视策略，在数据变化频率较高的环境下，通过同源比对检测判别数据采样和传输通道是否存在故障。

主要步骤如下：

（1）召唤模拟量。支持手工选定或设定批量设备自动进行模拟量召唤。

（2）电池电压一致性、PCS 等三相电流、电压平衡检查。对设备的回应的模拟量结果进行分析计算，检查电压幅值和相角是否平衡。

（3）与主（备）一致性检查。核查同个一次设备（或不同设备间的相同模拟量）下 BMC、EMS、测控之间的三相电流、电压值的一致性，对比误差大于 5% 时按不一致处理。

（4）告警。对于发现不一致、越限或越变化率的情况进行告警提示。

（5）校核结果。校核完毕后，支持生成全部设备检查记录表。

2. 开入量校核

储能电站各装置正常运行时会采集一些接点状态信息，在运行方式不发生变化的情况下，其状态是固定不变的，其在装置通过 1 和 0 来显示是否有开入。主站系统将开入量状态召唤上来后通过人工核对无误后作为基准值，然后主站系统可以手动选择指定设备或自动对选定的批量设备召唤实际运行定值，与选定的基准值进行比对，不一致时给出告警信息及比对结果。

5.3.2　定值远方校核与修改

1. 定值远方校核

定值远方校核主要包括基准定值单的设置、定值核对及生成核对结果三部分。

（1）基准定值单的设置。可能实现的方式有三种：一是收集省电网下属各地局在用储能电站的各类型继电保护设备的定值单，按设备类型进行核对，并最终形成全网统一格式的定值单；二是与定值整定计算程序接口，开发专用的格式；三是通过召唤继电保护装置内的当前定值，通过人工核对后固化为定值核对的基准。

（2）定值核对。由于储能电站装置定值和软连接片参考值相对固定，提出使用以下两种策略相结合的方法。

1）静态参考值比对策略。在前期输入定值单参数后，可将定值与软连接片实时值与定值单核对，在巡视系统与定值系统数据打通的情况下，此策略实用性及可靠性进一步增强。

2）动态参考值关联巡视比对策略。将定值与软连接片实时值和其他状态参数比对，利用状态参数之间的关联关系判断设备是否存在异常。

（3）生成核对结果。核对完毕后，可生成全部设备核对记录表，并对异常的定值单和装置给出告警信息。

2. 定值远方修改

保护定值修改过程中，通常涉及保护连接片控制、定值修改、校核与确认、定值执行等环节。为防止保护在修改定值过程发生误动，在远方修改保护定值前，需要基于 IEC 61850 标准控制模型远方投退保护功能软连接片。对于定值修改，IEC 61850-7-2 标准提供定值组控制块（setting group control block，SGCB）模型实现远方修改定值。基于 IEC 61850 标准的远方修改保护定值的操作过程，包含从主站系统经站端子站到保护装置共 3 层交互，其中包含一系列基于 SGCB 定值服务的多步控制命令及其连续执行过程。根据信息的传输和处理路径，远方修改保护定值过程可划分为定值修改录入、定值修改下发和定值修改确认 3 个关键环节，如图 5-6 所示。

（1）定值修改录入环节。在录入环节中，由远方定值修改操作人在主站操作界面手动完成，存在远方定值修改操作人因为疲劳疏忽或者没有严格按照定值单认真核对而录入错误信

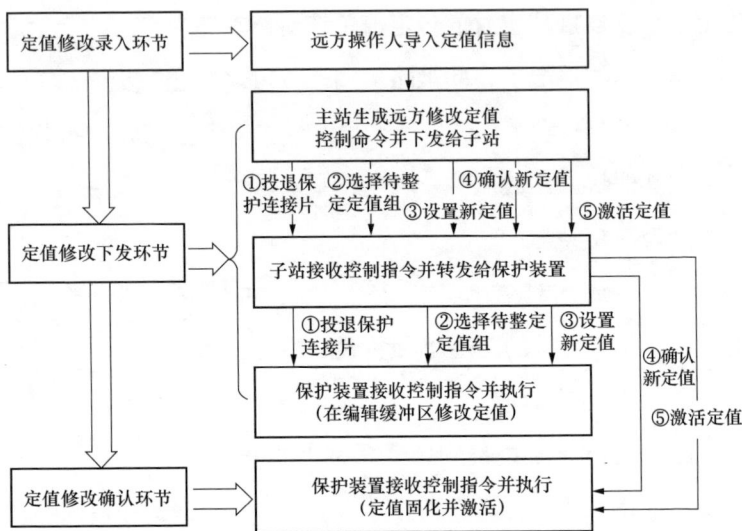

图 5-6　基于 IEC 61850 标准的远方修改保护定值关键环节示意图

息的风险。若定值信息录入错误而未被发现，继续下发并在保护装置中确认修改，会造成保护定值误整定，可能导致保护不正确动作，对电网安全稳定运行产生巨大威胁。

（2）定值修改下发环节。在下发环节中，主站通过站端子站与保护装置进行信息交互，存在风险点的主体涉及保信通道、站端子站系统、站内通信通道和保护装置。

1）保信通道方面。一方面可能存在通道安全风险，使得传输的报文数据发生变化，进而子站接收的报文信息存在错误，可能导致子站执行错误的控制指令，或对保护装置写入错误的定值；另一方面，通道运行不稳定，会使主站下发的控制指令报文丢失，也会导致远方修改保护定值操作不成功。

2）站端子站方面。存在由于通信传输及转换导致部分定值在主站与保护装置显示不一致的风险。若站端子站与主站存在匹配问题，即子站与主站的配置文件中相关定值信息不一致，或子站配置文件内容与保护装置实际接口存在匹配不一致的情况，也可能导致保护定值的误整定，而且不易被发现。

3）站内通信通道方面。与远方保信通道类似，站内通信网络也存在通道安全风险与通道缺失风险。

4）保护装置方面。存在由于保护装置定值名称与站端子站配置信息不同而无法对正确的定值套、项、值进行修改的风险，以及由于定值编辑缓冲区内存损坏而无法执行定值写服务的风险。

（3）定值修改确认环节。在确认环节中，保护装置接收到确认定值修改命令后，将编辑缓冲区定值固化到装置带电可擦可编程只读存储器的存储区中。再通过激活定值组，将定值存储区中新修改的定值组复制到激活缓冲区，将该组新定值投入运行。

定值录入下发后，在通道传输过程中可能发生改变，因此在远方修改保护定值的过程中，需要增加校核环节来识别并告警定值源（录入的定值修改信息）与实际在装置中修改定值不一致的风险。对于定值的校核，可以采取的技术手段包括报文校核与文件校核两种。报文校核是通过获取装置内部定值存储区信息生成标准化文件，与定值源进行比对。文件校核是直接获取装置运行中的定值，不经过通信协议的映射转换。

在远方修改定值功能投入前严格进行配置验证实验，可降低定值信息匹配出错的发生概率。保护装置的远方修改定值功能投入使用前必须通过保信子站或智能远动机或智能录波器与调度端主（分）站联调并验证正确性；基建、技改工程应在保护装置投运前完成相关远方修改定值调试工作。通过验证实验，还应验证厂家是否严格按照 IEC 61850 标准服务模型对保护相关模块进行设计，当远方修改定值过程因为异常或撤销命令而中断时，保护装置定值应能恢复到修改前状态。

5.4　告警聚类分析

储能电站按无人值班模式设计，监控信息上送集控中心和地调、省调。根据《储能电站监控信息技术规范》要求，为满足无人值守变电站调控机构远方故障判断、分析处置等集中监控要求，储能电站需采集站内一、二次设备及辅助设备监视和控制信息，并集中上送调度主站 EMS。

我国关于电网异常信号的监视主要采用人工监屏的方式。然而人工监屏受到外部影响因素较多，当电网正常操作和电网设备异常时都会发出大量的电气量信号、物理量信号，这些异常信号的筛选和辨识会耗费监控人员大量时间，若不能及时判断故障发生情况则会影响事故处理的及时性。而一旦发生信号漏看或辨识错误的现象，则会对电网设备造成不可估量的损失。一座典型的 24MW/48MWh 磷酸铁锂储能电站由约 10 万个单体蓄电池串并联组成，其对应的 BMS 遥测、遥信量约 54 万条，加上 PCS、升压变压器、10kV 断路器、站用电和孤岛解列等公用设备信号，全站站内重要监控信息数约 2 万条，超过 5 座 220kV 变电站规模。因此，上送调度端监控信息必须经过信息归并、筛选。

经统计某电网侧储能电站运行数据，2019 年 1 月 8 日至 3 月 8 日储能电站全站电池告警信息共计 31435 条，对电站的安全稳定运行造成了较大影响（见表 5-6）。其中，单体过压、欠压告警属于电压异常告警，合计 31313 次，占比 99.61%；

表 5-6　　某储能电站实际运行告警信息统计表

告警类型	数量	占比(%)	故障率［次 /（MWh·月）］
单体过压中度告警	28980	92.19	
单体过压重度告警	233	0.74	
单体欠压中度告警	2031	6.46	
单体欠压重度告警	69	0.22	
过温重度告警	24	0.07	327
欠温中度告警	11	0.03	
欠温重度告警	25	0.07	
SOC 低告警	62	0.20	

过温、欠温告警属于温度异常告警，合计 60 次，占比 0.17%；SOC 低告警属于电池荷电量低告警，合计 69 次，占比 0.22%。

如此数目巨大的报警信息，给信息处理难度带来了极大的挑战。储能电站设备运行监视的告警信息由告警系统采集后，全部按时间顺序显示，各种信号动作频繁，值班员监控任务较重，很容易遗漏重要告警信号。一旦发生事故，告警信息的量级会急剧增加，极端情况下甚至出现"疯狂报错"的现象，这时候告警的内容会存在相互掩埋、相互影响的问题，运维人员面对报错一时难以理清逻辑，有时甚至顾此失彼，不能在第一时间解决最核心的问题。

如果在告警信号出现的时候，通过处理程序，将报警进行聚类分析，整理出一段时间内的报警摘要，那么运维人员就可以在摘要信息的帮助下，先对当前的故障有一个大致的轮廓，再结合技术知识与业务知识定位故障的根本原因。

因此，有必要在储能电站运维系统上对储能电站告警信号在线分类处理，提取故障报警信息，辅助故障判断及处理，降低值班人员的人工判断失误率。我们选用的算法使用聚类算法对收集到的信息进行处理，报警聚类分析的设计大致分为以下几个部分：收集告警信息、提取关键特征、历史告警信息聚类分析与训练、告警信息的处理与推送。因此，告警聚类分析如图 5-7 所示。

图 5-7　告警聚类分析示意图

5.4.1　收集告警信息

储能电站运维系统对告警信息按照时间间隔（时间间隔应该由告警信息的频率进行相应的变动，频率越高，说明故障可能更严重，时间间隔应相应减少）打包发送给告警分类程序。

5.4.2　提取关键特征

在这一步对告警日志群进行抽象处理。由于储能电站告警信息是由一次、二次设备发出的标准化信息，信息集合中文本对同一事物的描述方式都相对固定，因此可以采用基于统计的分词方法对文本进行分词处理和统计。按照式（5-1）得到句子中词条之间的互现信息系数。

$$M(X,Y) = \lg \frac{P(X,Y)}{P(X)P(Y)} \qquad (5-1)$$

式中：$M(X, Y)$ 为文本词 X 和 Y 的互现信息系数；$P(X, Y)$ 为 X、Y 相邻出现在文本中的概率；$P(X)$ 和 $P(Y)$ 分别为 X、Y 在文本中出现的概率。

相邻的两个字同时出现的次数越多，其可信度越高，由 X、Y 组成的词组也越有可能成为关键词。将互相系数 $M(X,$

$Y) > 0$ 的词条计入文本特征相集合。

将平凡词排除之后可以得到文本的特征项集合 $\theta = \{\delta_1, \delta_2, \delta_3, \cdots, \delta_n\}$。这个集合中包括经过筛选后得到的关键词。

$$\omega_i(d) = f(\delta_i, d) \times \lg\left(\frac{N}{n_i} + 0.01\right) \qquad (5-2)$$

将词条的权重值按照式（5-3）得到归一化之后的权重。

$$W_i = \frac{f(\delta_i, d) \times \lg\left(\dfrac{N}{n_i} + 0.01\right)}{\sqrt{\displaystyle\sum_{i=1}(\delta_i, d) \times \lg\left(\dfrac{N}{n_i} + 0.01\right)}} \qquad (5-3)$$

通过以上步骤可以将任意文档表征为一个二维向量集合。

$$\{[\delta_1, W_1], [\delta_2, W_2], \cdots, [\delta_n, W_n]\} \qquad (5-4)$$

5.4.3　聚类分析算法

采用 K-means 算法对空间特征向量的样本集进行聚类分析。关键步骤如下：

（1）随机选择样本集中的 k 个文本，形成一个包含 k 个文本的初始簇集合，集合为

$$\{S_i \cdots S_{i+k}\} \qquad (5-5)$$

（2）集合中的每一个对象都可以表示成式（5-4）形式，可以将文本视作二维向量集合。即

$$S_i = \{[\delta_1, W_1], [\delta_2, W_2], \cdots, [\delta_n, W_n]\} \qquad (5-6)$$

（3）对余下的文本按照式（5-7）分别计算与初始簇的余

弦相似度。

$$d\left(S_i, S_j\right) = \frac{\overrightarrow{S_i} \cdot \overrightarrow{S_j}}{\left|\overrightarrow{S_i}\right| \cdot \left|\overrightarrow{S_j}\right|} \qquad (5-7)$$

（4）根据计算得到的相似度，将新文本归类到最相似的簇中，并更新该簇的特征向量。

$$\vec{S} = \left[\frac{W_{i,1} + aW_{j,1}}{a+1}, \frac{W_{i,2} + aW_{j,2}}{a+1}, \cdots, \frac{W_{i,n} + aW_{j,n}}{a+1}\right] \qquad (5-8)$$

式中：a 为原簇中文本的个数；$\left[W_{j,1}, W_{j,2}, \cdots, W_{j,n}\right]$ 为原簇的特征向量，$\left[W_{j,1}, W_{j,2}, \cdots, W_{j,n}\right]$ 为新增文本的特征向量。通过这一步，可以将样本集的文本分为 n 个文本簇集合。

5.4.4 告警信息的处理与推送

当监控后台有新的告警信息出现时，可通过告警信息的预处理计算新增告警信息与典型告警信号空间特征向量的相似度对新增告警信号进行分类。将具有相同根因的报警归纳为能够涵盖报警内容的泛化告警，最终形成告警摘要。

6

基于模糊层次法的电化学储能电站运行状态指标评分模型与评价方法

目前针对储能电站一次、二次系统状态评价的研究还处于起步阶段，主要通过专家系统或 4.1 节所示的单一扣分方法，具有较强的主观性。为此，本章基于第 4 章所建立的状态评价指标集和层次模型，首先根据实时运行信息、历史运行信息和定时运行信息特征分别建立定量状态指标和定性状态指标的评分模型，并利用模糊评判法和灰色聚类分析法建立两者的状态评价向量，进而构建评价对象的状态评价矩阵；其次，通过第 4 章所述的层次分析法计算各状态指标所反映评价对象运行状态指标的权重向量；最后，结合计算所得状态评价矩阵和权重向量，利用加权平均模型求得综合状态评价结果。

6.1　状态指标评分模型

根据第 4 章指标的特征，我们进一步将实时运行信息、定期运行信息和历史运行信息分为定量状态指标和定性状态指标两类。定量状态指标，指通过量化的数值表示设备运行状态；定性状态指标，指通过定性的分析结果表示设备运行状态。由此，根据两类指标表示设备运行状态的不同形式，分别建立两者的评分模型。

6.1.1　定量状态指标评分模型

实际工程中，相关规程标准对储能电站设备状态参数进行了数值性的量化规定，可将定量指标分为两大类，第一类：状态评价指标与评价对象运行状态呈近似于线性比例规律变化；第二类：状态评价指标为次数统计类。在此分别对其进行评分建模。

（1）第一类：状态评价指标与评价对象运行状态呈近似于线性比例规律变化。引入相对劣化度的概念来表征指标对设备运行状态的反映，根据劣化度分值的大小反映指标对应设备状态的优劣，它是一个经归一化之后取值范围为 0~1 的定量分值。具体变化规律又可分为如下三种情况：

1）越大越优型状态指标，采用如图 6-1 所示的升半梯形模型，评分表达式为

$$l(x) = \begin{cases} l_0 & x < x_1 \\ l_0 + \dfrac{1-l_0}{x_2 - x_1} & x_1 \leqslant x \leqslant x_2 \\ 1 & x \geqslant x_2 \end{cases} \quad (6-1)$$

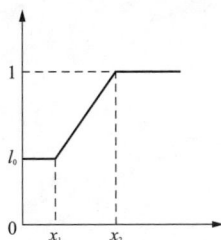

图 6-1　基于升半梯形模型的越大越优型状态指标评分

2）中间型状态指标，采用如图 6-2 所示的全梯形模型，其评分表达式为

$$l(x) = \begin{cases} l_0 & x \leqslant x_1 \cup x \geqslant x_4 \\ l_0 + \dfrac{1-l_0}{x_2 - x_1}(x - x_1) & x_1 \leqslant x < x_2 \\ 1 - \dfrac{1-l_0}{x_4 - x_3}(x - x_3) & x_3 \leqslant x < x_4 \\ 1 & x_2 \leqslant x < x_3 \end{cases} \quad (6-2)$$

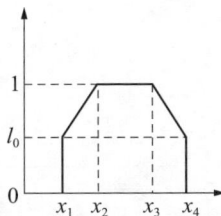

图 6-2　基于全梯形模型的中间型状态指标评分

3）越小越优型状态指标，采用如图 6-3 所示的降半梯形
模型，评分表达式为

$$l(x) = \begin{cases} 1 & x < x_1 \\ 1 - \dfrac{1-l_0}{x_2 - x_1} & x_1 \leqslant x < x_2 \\ l_0 & x \geqslant x_2 \end{cases} \quad (6-3)$$

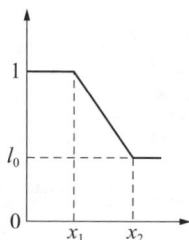

图 6-3　基于降半梯形模型的越小越优型状态指标评分

式（6-1）~式（6-3）中：x 为状态指标的实测值；x_1、x_2、x_3、x_4 为
设备说明书、规程规范、测试技术及运行经验等所规定的分界值。

（2）第二类：状态评价指标为次数统计类。通常情况下，
状态评价指标次数越多，其所反映的评价对象运行状态越差，
采用降阶梯模型，如图 6-4 所示。

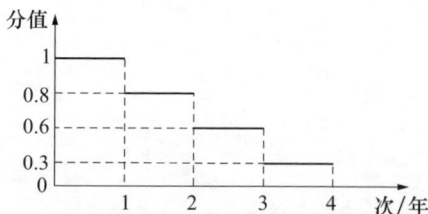

图 6-4　基于降阶梯模型的次数统计类状态指标评分

6.1.2　定性状态指标评分模型

与定量状态指标相比较，定性状态指标没有量化的标准可参考，一般都是根据运行维护经验，通过离线或在线检测手段以及特殊试验来判断设备状态的优劣，该类指标对设备运行状态的评价不可缺少。根据信息数据的来源将定性状态指标分为巡检和试验两大类，并分别建立其评分模型。评价结果采用五等级 10 分制表示，见表 6-1。

（1）第一类：巡检类，即状态评价指标信息数据主要通过巡视检查获得。此类指标所涉及的信息数据量大且繁杂，不便于量化统计，根据巡检事项又可将其分为预防性巡检和功能性巡检。

1）预防性巡检，即指通过巡检以预防性发现设备是否存在缺陷或故障，主要包括定期检修情况等状态指标。参照相关标准规程，以表格统计的形式建立该类指标的专家评分模型，见表 6-2。

表 6-1　　定性指标评价等级及其对应分值

专家评价等级	严重	注意	中	良	优
故障对设备运行状态影响程度的评价等级	非常严重	严重	一般	注意	轻微
对故障处理情况的评价等级	未处理	小部分处理	一半处理	大部分处理	完全处理

续表

功能性巡检结果的评价等级	严重缺陷	较严重缺陷	一般缺陷	轻微缺陷	完好
试验结果评价等级	差	注意	一般	良	优
对应评价分值	0~3	3~5	5~7	7~9	9~10

表6-2　　　　　　　　　预防性巡检状态评分表

巡检记录事项	事项1	事项2	事项3	事项4	专家评分
巡检记录内容	巡检时间	巡检发现故障项数	故障对设备运行状态影响程度	故障处理情况	—
巡检结果评分	—	—	—	—	—

其中，巡检时间采用图 6-1~图 6-3 所示的半梯形模型，巡检发现故障项目数采用图 6-4 所示的降阶梯模型，故障对设备运行状态的影响程度和巡检对故障处理情况均采用表 6-1 所示的五等级 10 分制进行评分。最后利用算术平均模型计算专家评分分值

$$专家评分分值 = \frac{1}{4} \sum_{i=1}^{4} 事项 i 的巡检结果评分 \quad (6-4)$$

2）功能性巡检，即指通过巡检以判定设备功能是否完整，例如测控装置的四要性能和同期性能等状态指标。根据相关规程标准要求，通过表格统计的形式建立该类指标的专家评分模

型，见表 6–3。

表6-3 功能性巡检状态评分表

功能项目	功能 1	功能 2	...	功能 i	...	功能 m	专家评分
功能巡检结果	—	—	...	—	...	—	—
巡检结果评分	—	—	...	—	...	—	—

同样，采用表 6–1 所示的五等级 10 分制方案对各项功能的巡检结果进行评分处理，并利用算术平均模型计算专家评分分值

$$专家评分分值 = \frac{1}{4}\sum_{i=1}^{4} 功能\,i\,的巡检结果评分 \qquad （6–5）$$

（2）第二类：试验类，即状态评价指标信息数据主要通过具体试验项目获得，例如电磁兼容和报文一致性等状态评价指标。此类评价指标有具体的试验或测试规程技术可供参考，但试验结果所反映评价对象的运行状态也无明确的标准，通常也是凭试验人员的经验给出评价结果。同样以表格统计的形式建立该类指标的专家评分模型，见表 6–4。

表6-4 试验巡检状态评分表

试验事项	事项 1	事项 2	...	事项 i	...	事项 n	专家评分
试验结果	—	—	...	—	...	—	—

续表

试验事项	事项 1	事项 2	…	事项 i	…	事项 n	专家评分
试验评分	—	—		—		—	—

同理，采用表 6–1 所示的五等级 10 分制方案对各试验事项结果进行评分，并利用算术平均模型计算专家评分分值

$$专家评分分值 = \frac{1}{n}\sum_{i=1}^{n} 试验\ i\ 的分值 \qquad （6-6）$$

6.2 状态指标评价方法

6.2.1 建立状态评语集

根据故障诊断、运维经验和专家分析，建议将储能电站一、二次设备状态分为严重、注意、一般、良好 4 个等级，即评语集为：$V=\{$ 严重、注意、一般、良好 $\}=\{v_1、v_2、v_3、v_4\}$。根据 6.1 节可得各状态评价指标分值，分值越高反映对应设备运行状态越好，状态等级具体划分及其对应检修决策见表 6–5。

表 6–5　　　储能电站一、二次设备状态定义

状态等级	分值范围	检修决策
严重（v_1）	0~0.4	立即停电进行检修
注意（v_2）	0.4~0.6	实时监测其运行状态，并优先安排检修
一般（v_3）	0.6~0.8	根据规程按计划安排检修
良好（v_4）	0.8~1	无须维修，检修周期可以延长

6.2.2 基于模糊灰色聚类法建立状态评判矩阵

1. 建立定量指标的状态评判向量

（1）构建隶属度函数。如果分值非常靠近两个状态等级的边界时，上述方法很难准确描述设备真实状态，如智能终端动作时间状态指标评分为 0.8，则难以断定该指标所反映状态是"一般"还是"良好"。为此，采用隶属函数来柔化各状态等级的边界划分，本章选取较为简便的三角形和梯形分布函数作为隶属函数。

通过式（6-1）~式（6-3）对原始数据进行劣化度评分，然后根据规程或专家经验确定隶属度分布函数对于表 6-5 中四种状态等级的模糊分界区间。例如可建立智能终端各状态指标的隶属度函数，见表 6-6。

表 6-6　　　　　　隶属度函数表

状态描述	隶属度函数表达式
严重	$r_{v1}(l) = \begin{cases} 1 & l \leqslant 0.3 \\ 3 - \dfrac{20}{3}l & 0.3 < l < 0.45 \\ 0 & l \geqslant 0.45 \end{cases}$
注意	$r_{v2}(l) = \begin{cases} 1 & 0.45 \leqslant l \leqslant 0.55 \\ \dfrac{20}{3}l - 2 & 0.3 < l < 0.45 \\ 6.5 - 10l & 0.55 < l < 0.65 \\ 0 & l \leqslant 0.3 \cup l \geqslant 0.65 \end{cases}$

状态描述	隶属度函数表达式
一般	$r_{v3}(l) = \begin{cases} 1 & 0.65 < l < 0.75 \\ 10l - 5.5 & 0.55 < l < 0.65 \\ 6 - \dfrac{20}{3}l & 0.75 < l < 0.9 \\ 0 & l \leqslant 0.55 \cup l \geqslant 0.9 \end{cases}$
良好	$r_{v4}(l) = \begin{cases} 0 & l \leqslant 0.75 \\ \dfrac{20}{3}l - 5 & 0.75 < l < 0.9 \\ 1 & l \geqslant 0.9 \end{cases}$

（2）建立定量状态评判向量。设状态指标 i（i 为状态指标编号）与其对应设备某状态等级 v_e（e=1、2、3、4）的隶属度为 r_{i,v_e}，则可得该状态指标 i 的状态评判向量 r_i 为

$$r_i = \begin{bmatrix} r_{i,v_1} & r_{i,v_2} & r_{i,v_3} & r_{i,v_4} \end{bmatrix} \tag{6-7}$$

2. 建立定量指标的状态评判向量

（1）确立状态评价样本矩阵。在储能电站一、二次设备状态评价中，为了提高状态评价的全面性和真实性，降低单一专家对指标判断的主观性，根据6.1所建立的定性状态指标评分模型，聘请 s 个专家对 n 个评价指标进行评分，以此来评价储能电站一、二次设备的总体运行状态。那么，第 k（k=1，2，3，…，s）个专家对于第 h 个评价指标给出的算术评分为 g_h^k，根据所有专家评分结果可得设备状态评价样本矩阵 G 为

$$G = \begin{bmatrix} g_1^1 & g_1^2 & \cdots & g_1^s \\ g_2^1 & g_2^2 & \cdots & g_2^s \\ \cdots & \cdots & \cdots & \cdots \\ g_n^1 & g_n^2 & \cdots & g_n^s \end{bmatrix} = (g_h^k)_{n \times s} \qquad (6-8)$$

（2）构建状态评价灰色聚类函数。建立储能电站一、二次设备灰色聚类评价模型主要就是确定状态等级、灰数及其对应的灰色聚类函数。所谓灰色聚类函数，也称白化权函数，其取值介于 0~1 之间变化。它的值越大，灰色系统白化程度越高，系统运行状态越佳。

根据表 6-5 所示的二次设备状态定义，建立如下的灰数和白化权函数

$$f_{v1}(g_h^k) = [0 \quad -2 \quad 4]$$
$$f_{v2}(g_h^k) = [4 \quad 5 \quad -6]$$
$$f_{v3}(g_h^k) = [6 \quad 7 \quad -8] \qquad (6-9)$$
$$f_{v4}(g_h^k) = [8 \quad 9 \quad -10]$$

式中：$f_{vc}(g_h^k)$（c=1，2，3，4）表示二次设备状态评价指标专家评分为 g_h^k 时其所对应状态等级 v_e（e=1，2，3，4）的系数，如图 6-5 所示。

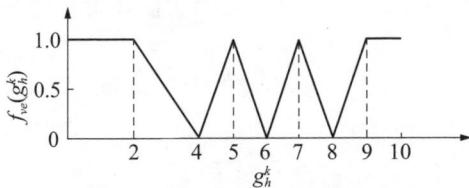

图 6-5　健康状态的白化权函数

式（6-9）改写为

$$f_{v_1}(g_h^k) = \begin{cases} 1 & 0 \leqslant g_h^k \leqslant 2 \\ \dfrac{4-g_h^k}{2} & 2 \leqslant g_h^k \leqslant 4 \\ 0 & g_h^k \geqslant 4 \end{cases}$$

$$f_{v_2}(g_h^k) = \begin{cases} g_h^k - 4 & 4 < g_h^k \leqslant 5 \\ 6 - g_h^k & 5 < g_h^k \leqslant 6 \\ 0 & g_h^k \leqslant 4 \cup g_h^k > 6 \end{cases}$$

$$（6-10）$$

$$f_{v_3}(g_h^k) = \begin{cases} g_h^k - 6 & 6 < g_h^k \leqslant 7 \\ 8 - g_h^k & 7 < g_h^k \leqslant 8 \\ 0 & g_h^k \leqslant 6 \cup g_h^k \geqslant 8 \end{cases}$$

$$f_{v_4}(g_h^k) = \begin{cases} 0 & g_h^k \leqslant 8 \\ g_h^k - 8 & 8 < g_h^k < 9 \\ 1 & g_h^k \geqslant 9 \end{cases}$$

（3）建立定性状态评判矩阵。对于状态评价指标 x_{ij}（$i=1$，2，…，6；$j=1$，2，…，9），第 e（$e=1$，2，…，4）个评估灰类的灰色评估系数记为 $y_{ij,ve}$，各个评估灰类的总灰色评价系数记为 y_{ij}，属于第 e 个评价灰类的灰色评价权记为 $r'_{ij,ve}$，则

$$y_{ij,ve} = \sum_{k=1}^{s} f_{ve}(g_h^k) \qquad （6-11）$$

$$y_{ij} = \sum_{e=1}^{4} y_{ij,ve} \qquad （6-12）$$

$$r'_{ij,ve} = \frac{y_{ij,ve}}{y_{ij}} \qquad (6\text{--}13)$$

由此，设定性状态指标 j（j 为状态指标编号）与其对应设备某状态等级 v_e（e=1、2、3、4）的隶属度为 $r'_{j,ve}$，则可得该定性状态指标的状态评判向量 r'_j 为

$$r'_j = \begin{bmatrix} r'_{j,v1} & r'_{j,v2} & r'_{j,v3} & r'_{j,v4} \end{bmatrix} \qquad (6\text{--}14)$$

3. 建立状态评判矩阵

综上，若储能电站二次系统某评价对象的定量状态评价指标和定性状态评价指标分别为 m_1 和 m_2（$m=m_1+m_2$），则可建立该评价对象的状态评判矩阵 R 为

$$R = \begin{bmatrix} r_{1,v1} & r_{1,v2} & r_{1,v3} & r_{1,v4} \\ \cdots & \cdots & \cdots & \cdots \\ r_{m1,v1} & r_{m1,v2} & r_{m1,v3} & r_{m1,v4} \\ r'_{1,v1} & r'_{1,v2} & r'_{1,v3} & r'_{1,v4} \\ \cdots & \cdots & \cdots & \cdots \\ r'_{m2,v1} & r'_{m2,v2} & r'_{m2,v3} & r'_{m2,v4} \end{bmatrix} \qquad (6\text{--}15)$$

6.2.3 基于层次分析法确立状态指标权重向量

各状态评价指标反映设备运行状态的重要程度是不相同的，为客观评价二次设备状态，需要对各指标的相对重要性（即权重）进行估测。层次分析法已广泛应用于多层次、多变量、结构复杂系统的权重确定，是一种定量与定性分析相结合

的有效权重计算方法。

传统层次分析法中一致性检验是不可缺少的，然而实际判断时一般凭大致估计来调整判断矩阵，带有随意性且需经多次调整才能满足一致性要求。为此，采用改进层次分析法，利用最优传递矩阵对传统层次分析法进行改进，使之自然满足一致性要求，直接求出状态指标权重。其步骤如下：

（1）建立比较矩阵 A。为降低判断难度，且判断结果更准确，采用三标度法表示状态指标间的重要性比较结果，如式（6-16）所示为

$$a_{ij} = \begin{cases} 2 & （状态指标a_i比a_j重要） \\ 1 & （状态指标a_i与a_j同等重要） \\ 0 & （状态指标a_j比a_i重要） \end{cases} \qquad （6-16）$$

由此，可得权重比较矩阵 $A=(a_{ij})_{m \times m}$。

（2）构造判断矩阵 B

$$b_{ij} = \begin{cases} \dfrac{r_i - r_j}{r_{max} - r_{min}} \times (d_m - 1) + 1 & r_i \geqslant r_j \\[3mm] \left[\dfrac{|r_i - r_j|}{r_{max} - r_{min}} \times (d_m - 1) + 1 \right]^{-1} & r_i < r_j \end{cases} \qquad （6-17）$$

式中：$r_i = \sum\limits_{j=1}^{m} a_{ij}(i=j=1,2,\cdots,m)$ $r_{max} = \max(r_i)$；$r_{min} = \min(r_i)$；$d_m = \dfrac{r_{max}}{r_{min}}$。

（3）求最优传递矩阵 L

$$l_{ij} = \frac{1}{m} \sum_{k=1}^{m} \lg \frac{b_{ik}}{b_{jk}} \qquad （6-18）$$

（4）求矩阵 B 的拟优一致矩阵 B^*

$$B_{ij}^* = 10^{l_{ij}} \qquad (6-19)$$

（5）求状态指标权重。求矩阵 B^* 最大特征值对应的特征向量 W^*，经归一化处理后，即可得到表征各状态指标相对重要性的权重向量 W。

6.2.4　综合状态评价结果

基于前面所得的状态评判矩阵与状态权重向量，利用加权平均模型进行综合计算，便可得综合状态评估结果。表达式为

$$P = W \times R = \begin{bmatrix} p_1 & p_2 & p_3 & p_4 \end{bmatrix} \qquad (6-20)$$

当评价对象为设备项目时，W、R 分别为项目级的状态评判矩阵和指标权重向量；当评价对象为储能电站一、二次设备时，W、R 分别为设备级的状态评判矩阵和项目权重向量；当评估对象为储能电站一、二次系统时，W、R 分别为对应系统级的状态评判矩阵和设备权重向量。

由式（6-20），实际中可取与最大评估值 $p_{max} = \max\{p_e \mid e = 1,2,3,4\}$ 相对应的评判结果 v_e 作为最终评估结果；也可直接把 P 看作最终评估结果，以便运行维修人员全面认识储能电站设备或系统的工作状态。

电化学储能电站非电池关键设备故障诊断与预判方法

在储能系统中，各系统存在强耦合关系，系统的精细化管理、联动保护控制、电气和消防的安全性都无法保证，长期运行过程中也带来了安全隐患与系统风险的不确定性。储能电站及其中每个储能设备及系统进行实时监测、故障预测维护及报警，可以为储能电站全生命周期的安全稳定运行及收益保驾护航。国内外储能电站安全事故频发，现有的监控手段缺乏非电池关键设备的故障诊断手段，精细化的储能电池安全监测及主动预警技术仍是个难点问题。研究变流器设备运行工况在线识别，实现变工况下变流器多元故障状态在线预判信号输出，实现变流器多元故障预判，整个流程如图7-1所示。变流器交流测的三相电流能很好地反应出变流器开路故障状态，因此研究分工况聚类算法、异常检测算法和故障预判算法。

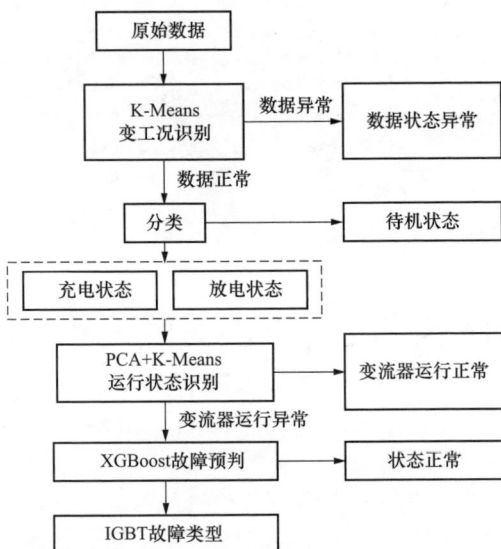

图7-1 变流器多元故障预判流程

7.1 故障诊断与预判理论

传统的机器学习算法一般针对给定训练数据集训练得到单个学习器模型，然后基于它预测未知样例。1990 年，Hansen 和 Salamon 开创性地提出了神经网络集成，通过训练多个神经网络并将其结果进行合成，显著地提高学习系统的泛化能力。1996 年，Sollich 和 Krogh 提出神经网络集成是用有限个神经网络对同一个问题进行学习，集成在某输入样例下的输出由构成集成的各神经网络在该样例下的输出共同决定。

目前这个定义已被广泛接受，但是也有一些研究者认为神经网络集成指的是多个独立训练的神经网络进行学习并共同决定最终输出结果。

但上两者的区别在于，后者并不要求集成中的神经网络对同一个（子）问题进行学习。符合后一定义的研究至少可以上溯到 Cooper 及其同事和学生于 20 世纪 80 年代中后期在 Nestor 系统中的工作。但是，目前一般认为神经网络集成的研究始于 Hansen 和 Salamon 在 1990 年的工作。

由于认识到神经网络集成所蕴含的巨大潜力和应用前景，在 Hansen 和 Salamon 的工作提出之后，很多研究人员都投入到神经网络集成的研究中，理论和应用成果不断涌现，使得神经网络集成逐渐成为机器学习和神经计算研究领域的一个研究热点。同时，神经网络集成的思想也被扩展到用以提升其他学习器的性能，如决策树、支持向量机等，并产生了集成学习这样一个研究领域。

由于集成学习是一个仍在迅速发展中的研究领域，因此关于"什么是集成学习"，机器学习界目前还没有最终达成共识。狭义地说"集成学习是指利用多个同质的学习器来对同一个问题进行学习，集成在某输入样例下的输出由构成集成的各个体学习器在该样例下的输出共同决定"。

这里的"同质"是指所使用的学习器属于同一种类型，例如所有的学习器都是决策树、神经网络等。广义地来说，只要是使用多个学习器来解决问题，就是集成学习，即"集成学习是指利用多个独立的学习器来进行学习，集成在某输入样例下的输出由构成集成的各个体学习器在该样例下的输出共同决定"。

狭义和广义定义的区别在于，后者中的个体学习器可以是异质的并且不要求对同一个（子）问题进行学习。在集成学习的早期研究中，狭义定义采用得比较多，而随着该领域的发展，越来越多的学者倾向于接受广义定义。采用广义定义有一个很大的好处，就是以往存在的很多名称上不同，但本质上很接近的分支，例如多分类器系统、基于委员会的学习、信息融合等，都统一地归属到集成学习框架之下进行研究。由于这些子领域之间有很多共通性，因此把它们放到一起，不再强调各自之间的区别，反倒会对更深入的理论、算法、应用研究带来一些好处。所以从现在来看，集成学习已经成为一个包含内容相当多的、比较大的研究领域。

任何一个集成学习都包括三要素个体生成方法、个体学习器和结论合成方法。集成学习一般包括以下两大步骤：

（1）采用一定的个体生成方法，根据给定训练集，训练得到多个有差异的个体学习器。

（2）采用一定的结论合成方法，对构成集成的个体学习器的输出进行合成，得到集成学习的最终输出。

根据集成学习的用途不同，结论合成的方法也各不相同。当集成学习用于分类时，集成的输出通常由各个体学习器的输出投票产生。通常采用绝对多数投票法（某分类成为最终结果，当且仅当有超过半数的个体学习器输出结果为该分类）或相对多数投票法（某分类成为最终结果，当且仅当输出结果为该分类的个体学习器的数目最多）。理论分析和大量实验表明，后者优于前者。因此，在分类问题中，对各学习器进行集成时，目前大多采用相对多数投票法。当集成学习用于回归估计时，集成的输出通常由各学习器的输出通过简单平均或加权平均产生。Perrone 等认为，采用加权平均可以得到比简单平均更好的泛化能力。但是，也有一些研究者认为，对权值进行优化将会导致过拟合，使得集成的泛化能力降低，所以他们提倡使用简单平均。以上两个步骤构成集成学习的完整过程。其中，个体生成方法和结论合成方法是研究集成学习方法的两个主要方面。

7.2 特征提取算法

目前，应用于多电平储能变流器 IGBT 开路故障的诊断方法繁多，但当变流器发生 IGBT 开路故障时，电流信号畸变严重，而各故障类型信号畸变差异小，加之传感噪声的干扰，呈现局部化、高噪声的特点。传统故障特征提取方法对波形质量要求较高，含较多噪声的波形数据将导致难以挖掘出有效的故障信息，直接影响识别精度。

梅尔倒谱系数（Mel-scale frequency cepstral coefficients，MFCC）特征因提取简易、抗噪性强以及识别精度高等特点常被应用于语音、振动信号识别等领域。基于此，针对当前信号特征提取困难、数据维度爆炸以及阈值判定区间不稳定等问题，开展了MFCC 特征在电信号中的应用研究。

7.2.1　梅尔倒谱系数特征

MFCC 特征可以通过振动、语音或电信号在非线性梅尔（Mel）标度频域上进行能量倒谱变换获取，能够较好地描述每个周期能量谱的包络，并提取信号中强辨识性成分。其中，赫兹（Hz）频域与 Mel 频域的非线性转换关系如下

$$f_{Hz} = 700 \left[\exp\left(\frac{f_{Mel}}{2595} \right) - 1 \right] \tag{7-1}$$

式中：f_{Mel} 为信号特征频率，Mel；f_{Hz} 为实际信号频率，Hz。

变流器在充放电工况下，由于 IGBT 元件故障位置的不同，导致电路拓扑发生变化，因此运行所产生的电流信号表现较强差异性，但不同故障信号变化过程仍呈现局部化、高噪声化的特点，使得故障特征相似度较高。MFCC 在进行倒谱转换过程中，可以将低振幅的信号拉高，提取出隐藏在低振幅故障信号中的周期特征信号，使得构建的 MFCC 特征可以较好地表征不同的故障状态。因此，可以将 MFCC 应用于 IGBT 元件开路故障特征的提取。

MFCC 特征提取流程如下：

（1）分帧。由于一段信号从整体来看是随时间变化的非平稳随机过程，处理信号时，常规的用于处理平稳信号的数字信号处理方法，如傅里叶变换等，是不能直接使用的。在一个比较短的时间范围内，信号的频谱特征和一些物理特征相对稳定，基本不会发生变化。因此，可以将这段短时间范围内的信号看作是特性不随时间变化的平稳随机过程，也就是说，信号具有短时平稳性，可以将傅里叶变换等处理平稳信号的方法引入到信号的处理中。所以，信号的处理和分析需要建立在短时的基础上，将信号分成一些相继的短时间段的信号来进行分析，其中每一个短时间段的信号称为一帧。

分帧通常分为连续无交叠的分帧和相邻帧有部分交叠的分帧。其中，为了使帧与帧之间能够进行平滑的过渡并保持连续性，通常采用有交叠的分帧。并且在后续经过加窗函数之后，每一帧两端的信息会部分丢失，采用有交叠的分帧还可以保留相邻两帧信号之间丢失的信息。相邻两帧之间交叠部分的时间差称为帧移，帧移与帧长的比值通常取为 0~0.5。

对信号进行分帧处理后，所有的后续操作均逐帧进行。

（2）加窗。一帧信号可以看成是用一个长度有限的矩形窗对一段信号进行了截断，在矩形窗内信号样本点保留原始的值，在矩形窗外将信号样本点置零。由于信号的截断导致一帧信号起点从零到信号值的突然变化以及一帧信号终点从信号值到零的突然变化，这将在每一帧信号的起点和终点引入明显的高频噪声。同时，由于信号是非周期信号，且矩形窗在频域的主瓣宽度较小，旁瓣峰值较大，将会产生严重的频谱能量泄漏。为了减少这种截断效应带来的高频噪声和频谱能量泄漏造成的影响，需要选择合适的窗函数将每一帧信号在两端的幅度缓慢减小，平滑过渡到零，减小每一帧开始和结束时的信号不连续性，增加帧与帧之间的连续性，以减少傅里叶变换以后的频谱能量泄漏，使信号的频率响应接近理想的频率响应。同时，选择合适的窗函数可以使特征提取得到识别精度更高的特征参数。

在识别中，常用的窗函数有矩形窗、汉宁窗和汉明窗等。其中，传统数字域 MFCC 特征提取常用的窗函数是汉明窗。使用汉明窗可以平滑每一帧信号，相比于矩形窗函数，汉明窗的主瓣宽度是矩形窗的二倍，旁瓣衰减比矩形窗大，可以减弱傅里叶变换以后频谱旁瓣的大小以及频谱能量泄漏，并且汉明窗比矩形窗能保留更多的高频成分，能够较大程度反应一帧信号的频谱特性。

特征集提取过程如下：

（1）对故障信号 $w(t)$ 进行分帧、加窗、预加重等预处理。其中，使用汉明窗来消除谱泄露，如下所示

$$w(t) = 0.54 - 0.46\cos\left[2\pi x(t)/(T-1)\right] \qquad （7-2）$$

式中：T 为窗口长度；$x(t)$ 为采样点。

（2）对预处理后的开路故障信号 $w(t)$ 经过离散傅里叶变换、三角带通滤波 Mel、倒谱分析处理，得到 MFCC 系数 C。

$$X(k) = DFT\left[w(t)\right] = \sum_{t=0}^{N-1} w(t) \cdot e^{-j\frac{2\pi tk}{K}} \qquad (7-3)$$

$$H_m(k) = \begin{cases} 0 & ,k < f(m-1) \\[2mm] \dfrac{2\left[k-f(m-1)\right]}{\left[f(m+1)-f(m-1)\right]\left[f(m)-f(m-1)\right]'}, \\ f(m-1) \leqslant k \leqslant f(m) \\[2mm] \dfrac{2\left[f(m+1)-k\right]}{\left[f(m+1)-f(m-1)\right]\left[f(m+1)-f(m)\right]'}, \\ f(m) \leqslant k \leqslant f(m+1) \\[2mm] 0 & ,k > f(m+1) \end{cases} \qquad (7-4)$$

$$s(m) = \ln\left[\sum_{k=0}^{K-1} \left|X(k)\right|^2 \cdot H_m(k)\right], 0 \leqslant m \leqslant M \qquad (7-5)$$

$$C(n) = \sum_{m=0}^{M-1} s(m) \cdot \cos\left[\frac{\pi n(m+0.5)}{M}\right], 0 \leqslant n \leqslant num \qquad (7-6)$$

式中：DFT 为离散傅里叶变换；$X(k)$ 为 $w(t)$ 经 DFT 变换得到的第 k 个频域信号；$H_m(k)$ 为第 m 个 Mel 的传递函数；$f(m)$ 为 Mel 中心频率；$s(m)$ 为第 m 个 Mel 的对数能量，其中，$\sum_m^{M-1} H_m(k) = 1$；M 为 Mel 的个数；$C(n)$ 为每个开路故障信号下第 n 阶 MFCC 系数；num 为 MFCC 系数总阶数，本文取 12 阶。

（3）为了充分挖掘 MFCC 特征，结合数据统计分析方法，提取系数能量 S、均值 $\bar{X}$、方差 X_{var}、脉冲因子 C_{if}、裕度因子 C_{mf} 和峭度因子 C_{kf} 共 6 类包络特征，其中

$$S = \sum_{m=0}^{M} s(m) \qquad (7\text{-}7)$$

$$\bar{X} = \frac{1}{num} \sum_{n=1}^{num} C_n \qquad (7\text{-}8)$$

$$X_{var} = \frac{1}{num} \left(\sum_{n=1}^{num} \left(|C_n| - \bar{X} \right) \right) \qquad (7\text{-}9)$$

$$C_{if} = \max \left(|C_n| \right) / \bar{X} \qquad (7\text{-}10)$$

$$C_{mf} = \max \left(C_n \right) \Big/ \left(\frac{1}{num} \cdot \sum_{n=1}^{num} |C_n| \right)^2 \qquad (7\text{-}11)$$

$$C_{kf} = nnm \cdot \sum_{n=1}^{num} C_n^4 \Big/ \left(\sum_{n}^{num} C_n^2 \right) \qquad (7\text{-}12)$$

综上，将 C、S、$\bar{X}$、X_{var}、C_{if}、C_{mf} 和 C_{kf} 合并，以构建 MFCC 特征集 z。

7.2.2 KPCA 数据降维

经过 MFCC 提取后的特征可以清楚地表达信号的改变，捕捉不同开路故障电流信号的波形差异，但由于该数据信号的特征维度比较高，信号冗余会直接影响模型性能。因此，利用核主成分分析（kernel principal components analysis，KPCA），对高维数据进行降维挖掘，将具有相关性的高维变量合成为非线性不相关的低维变量，挖掘数据集中的非线性独立信息。

假设一个样本矩阵 $X = [x_1, x_2, \cdots, x_n]$ 中的样本数为 n，每个样本有 m 个维度，通过引入一个非线性映射 φ 将样本从 m 维投影到更高维的 d 维空间，则新样本矩阵变为

$$\varphi(X) = [\varphi(x_1), \varphi(x_2), \cdots, \varphi(x_n)] \quad (7\text{-}13)$$

该样本的协方差矩阵 C 记为

$$C = \frac{1}{n}\sum_{i=1}^{n}\varphi(x_i)\varphi(x_i)^{\mathrm{T}} = \frac{1}{n}\varphi(X)\varphi(X)^{\mathrm{T}} \quad (7\text{-}14)$$

协方差矩阵 C 的特征值 λ 及其所对应的特征向量 V 可由其特征方程 $\lambda V = CV$ 求解得到。因为 PCA 在降维时并不关心为 0 的特征值，所以仅针对 $\lambda \neq 0$ 时，考虑存在一个 n 维的系数向量 $\alpha = [\alpha_1, \alpha_2, \cdots, \alpha_n]^{\mathrm{T}}$ 使特征向量 V 可由所有的 $\varphi(x_i)$ 线性表示，即

$$V = \sum_{i=1}^{n}\alpha_i\varphi(x_i) \quad (7\text{-}15)$$

将式（7-15）代入协方差矩阵 C 的特征方程，并在等式两边同时左乘矩阵 $\varphi(X)^{\mathrm{T}}$ 可得

$$\varphi(X)^{\mathrm{T}}\varphi(X)\varphi(X)^{\mathrm{T}}\varphi(X)\alpha = \lambda\varphi(X)^{\mathrm{T}}\varphi(X)\alpha \quad (7\text{-}16)$$

此时在式（7-16）引入核矩阵 $K = \varphi(X)^{\mathrm{T}}\varphi(X)$，则式（7-16）就变为求核矩阵 K 的特征值和特征向量

$$K\alpha = \lambda\alpha \quad (7\text{-}17)$$

7.2.3　故障特征挖掘

变流器故障特征挖掘流程如图 7-2 所示，组合 KPCA 和 MFCC，寻找并保留信号特征中最重要且有效的部分，达到降

低数据冗余、加快计算速度和提高信号识别效率的目的。

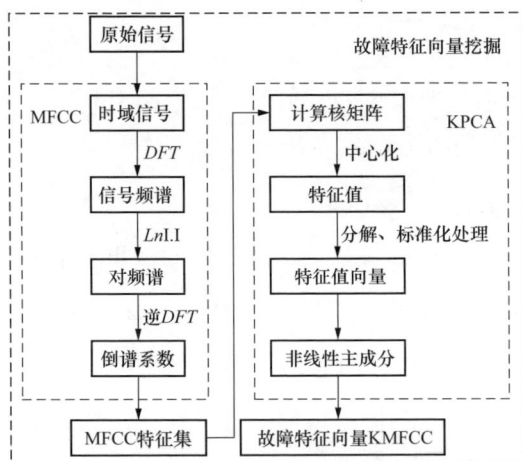

图 7-2 变流器故障特征挖掘流程图

基于 KPCA 对所提取的 MFCC 进行特征降维，因此，低维非线性的故障特征向量 KMFCC 的计算过程如下：

（1）计算核函数矩阵

$$G = \left\{ g\left(z_i, z_j\right) \right\}_{N_s \times N_s} \tag{7-18}$$

式中：z_i 和 z_j 为样本 i 和样本 j 的 MFCC 特征集；$g(\cdot)$ 为核函数；N_s 为样本总数量。

（2）计算矩阵 G 的特征值，并按降序排序，并将各特征值对应的特征向量进行归一化处理。排序后的第 l 个特征值对应的特征向量表示为 a^l。

（3）结合施密特正交法计算原始 MFCC 特征集的第 l 个非线性主成分 $Z^l(x)$，其中基于主元贡献率的降维维数选取方法，构建低维非线性的故障特征向量。

$$Z^l(x) = \sum_{i=1}^{N_s} a_i^l \cdot g(z_i, x) \qquad （7-19）$$

式中：$Z^l(x)$ 为样本 x 降维后的向量；z_i 为第 i 个样本的 MFCC 特征集；N_s 为 a^l 的维数。

7.2.4 仿真故障特征挖掘

考虑到故障数据特征的周期特性，将每个工频周期的时序采样信号作为故障特征集的 l 帧样本，设置分帧窗口 $T=5$，以实现滑动窗口重叠采样不同故障时刻的周期信号。利用梅尔倒谱对故障特征进行处理时，Mel 的个数 $M=12$，则可得到一个 $361 \times 2 \times 79$ 组 54 维的 MFCC 特征集。鉴于篇幅有限，仅展示当变流器发生 Q_{A1} 单体开路故障时的情况。由图 7-3 所示倒谱系数第 1 至 12 维的 MFCC 特征分布变化结果可知，当变流器发生 Q_{A1} 单体开路故障时，MFCC 特征变化较为明显。说明利用梅尔倒谱进行不同故障样本的特征转换，对开路故障信号进行特征挖掘是有效的。

由此可得到 54 维的故障特征集，如图 7-4 所示，可见维度较高，存在信息冗余问题。

利用 KPCA 对 54 维的故障特征集进行降维，如图 7-5 的各维度特征贡献率所示，前 12 维的累加贡献率即可达 85% 以

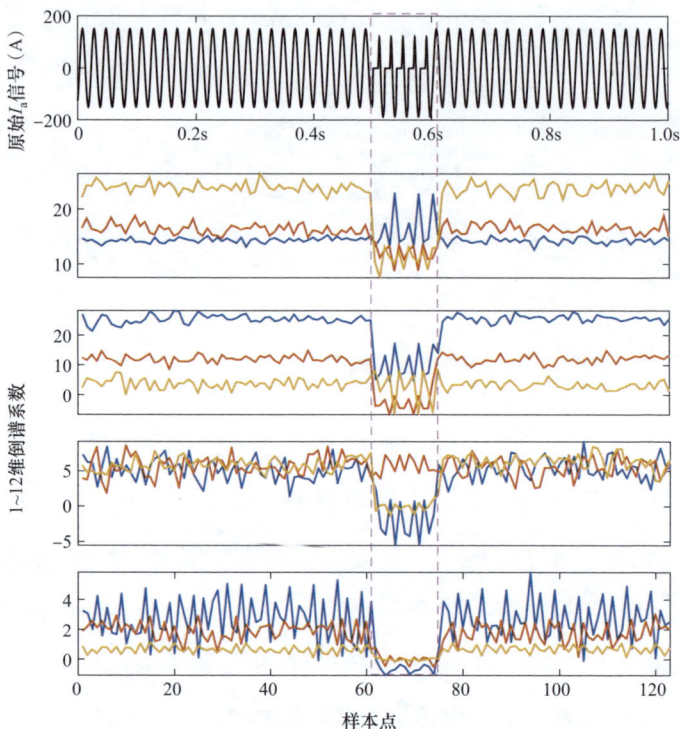

图 7-3 开路故障第 1~12 维 MFCC 特征分布

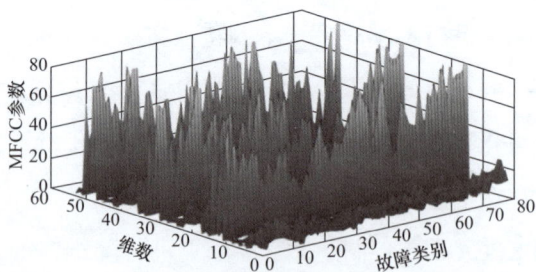

图 7-4 不同故障类型的第 1 维 MFCC 数据集

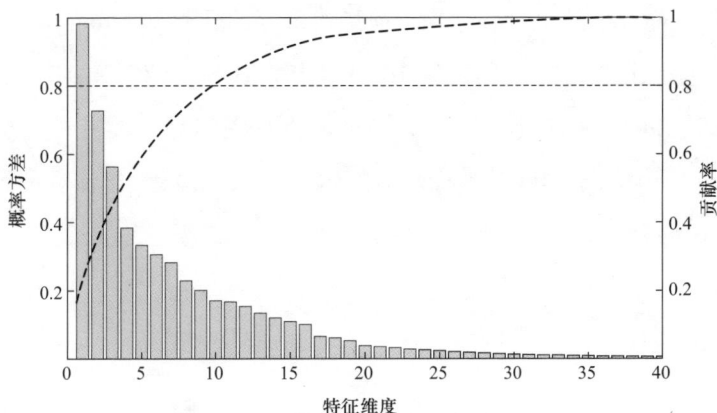

图 7-5　贡献率分布图

上，且随着维度增加，特征数据差异性逐步变小。因此，只需选取前 12 维数据作为故障特征。

7.3　故障预判算法

7.3.1　基于 XGBoost 模型的故障预判方法

极限梯度提升（e xtreme gradient boosting，XGBoost）是华盛顿大学陈天奇博士在 2016 年提出的基于梯度提升树 GBDT 模型优化的集成学习方法，在机器学习挑战赛和数据科学应用中广泛使用。XGBoost 具有计算复杂度低、运行速度快和准确度高的特点，在训练样本有限、训练时间短、调参知识缺乏的场景下具有独特的优势。XGBoost 是大规模并行

Boosting tree 的工具，它是目前最快最好的开源 Boosting tree 工具包，比常见的工具包快 10 倍以上。XGBoost 和 GBDT 两者都是 Boosting 方法，除了工程实现、解决问题上的一些差异外，最大的不同就是目标函数的定义。XGBoost 大致流程如图 7-6 所示。

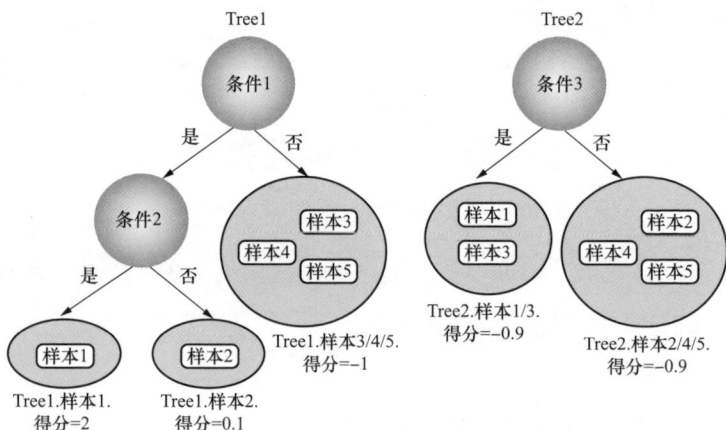

图 7-6　XGBoost 大致流程图

XGBoost 是若干弱学习器的集成，基本思想是通过加入新的弱学习器去拟合前一次弱学习器训练的残差，并在训练结束时得到每个样本的预测分数，最后将所有弱学习器中的预测分数相加即样本的预测值。XGBoost 在 Boosting 模型的基础上做了很多优化，具体为：①对目标函数进行二阶泰勒展开，提高了模型精度；②将正则项加入目标函数中，减少了复杂度的同时有效防止过拟合出现；③可根据样本自动学习缺失值的分裂方向，进行缺失值处理。

XGBoost 是通过累加方式进行输出预测的叠加树模型，具体公式如下：

$$\hat{y}_i = \sum_{k=1}^{K} f_k(x_i), \ f_k \in F \tag{7-20}$$

式中：f_k 为回归决策树学习器，$f_k = w_{q(x)}$，q 为决策树的结构表示，其能将样本映射到某个确定的叶节点所对应的标号，$q(x) \in \{1, 2, 3, \cdots, T\}$，$T$ 为决策树叶节点的个数，w 为决策树 T 个叶节点上的预测值，$w = \{w_1, \ w_2, \ w_3, \cdots, w_T\}$，对于每一个回归树 $f_k(x)$，其拥有独立的结构 q 和叶节点预测值 w；K 为决策树的数量；F 为所有可能的决策树的集合，f 是其中的一个决策树，一般是采用 CART 决策树模型。

优化目标函数是 XGBoost 的核心，函数具体表达式为

$$Obj = \sum_{i=1}^{N} l(y_i, \ \hat{y}_i) + \sum_{K=1}^{K} \Omega(f_k) \tag{7-21}$$

式中：l 为模型损失函数，用来衡量变形预测值 $\hat{y}_i$ 与变形实测值之间的差距，称为经验风险；Ω 为模型复杂度函数，用于降低过拟合风险，称为结构风险。

如果采用均方误差作为损失函数，目标函数的迭代形式为

$$\begin{aligned}
Obj^{(t)} &= \sum_{i=1}^{N} \left\{ y_i - \left[\hat{y}_i^{(t-1)} + f_t(x_i) \right] \right\}^2 + \sum_{K=1}^{K} \Omega(f_i) \\
&= \sum_{i=1}^{N} \left\{ 2\left(\hat{y}_i^{(t-1)} - y_i \right) f_t(x_i) + f_t^2(x_i) \right\} + \sum_{K=1}^{K} \Omega(f_i) + constant
\end{aligned} \tag{7-22}$$

当采用其他形式的损失函数时，通常采用其二阶泰勒展

开进行近似处理

$$Obj^{(t)} = \sum_{i=1}^{N}\left[l\left(y_i,\ \hat{y}_i^{(t-1)} \right) + g_i f_t\left(x_i \right) + \frac{1}{2} h_i f_t\left(x_i \right) \right] + \sum_{K=1}^{K} \Omega\left(f_i \right)$$
$$+ constant$$

$$g_i = \partial_{\hat{y}_i^{(t-1)}} l\left(y_i,\ \hat{y}_i^{(t-1)} \right) \tag{7-23}$$

$$h_i = \partial_{\hat{y}_i^{(t-1)}}^2 l\left(y_i,\ \hat{y}_i^{(t-1)} \right)$$

式中：$\Omega(f_i)$ 为第 $i-1$ 棵决策树的复杂度；$\hat{y}_i^{(t-1)}$ 为样本 i 在前 $t-1$ 棵决策树的分数之和；$f_i(x_i)$ 为样本 i 在前 t 棵决策树的分数；g_i 为损失函数关于 $f_i(x_i)$ 的一阶偏导；h_i 为损失函数关于 $f_i(x_i)$ 的二阶偏导；$constant$ 为前 $t-1$ 棵决策树的复杂度之和，是已知常数。

移除掉固定值项，第 t 次迭代的目标函数变为

$$Obj^{(t)} = \sum_{i=1}^{N}\left(g_i f_t\left(x_i \right) + \frac{1}{2} h_i f_t^2\left(x_i \right) \right) + \Omega\left(f_i \right) \tag{7-24}$$

在 XGBoost 模型中，单棵决策树的复杂度表示为

$$\Omega\left(f_i \right) = \gamma T + \frac{1}{2} \lambda \sum_{j=1}^{T} \omega_j^2 \tag{7-25}$$

式中：T 为叶子节点的数量；γ 为叶子节点数量的惩罚项；ω_j 为第 j 个叶子结点的分数；λ 为 L2 正则惩罚项，用来控制泛化误差，防止过拟合。

那么 t 棵决策树组成的复杂度函数表示为

$$\sum_{j=1}^{t} \Omega\left(f_i \right) = \Omega\left(f_i \right) + constant = \gamma T + \frac{1}{2} \lambda \sum_{k}^{T} \omega_k^2 + constant \tag{7-26}$$

目标函数可进一步改写成

$$Obj^{(t)} = \sum_{i=1}^{N} \left[g_i f_t(x_i) + \frac{1}{2} h_i f_t^2(x_i) \right] + \gamma T + \frac{1}{2} \lambda \sum_{j=1}^{T} \omega_j^2 \quad (7\text{-}27)$$

叶结点 j 的最佳预测值 ω_j^* 以及对应的最佳目标函数为

$$\omega_j^* = -\frac{G_j}{H_j + \lambda} \quad (7\text{-}28)$$

$$Obj^* = -\frac{1}{2} \sum_{j=1}^{T} \frac{G_j^2}{H_j + \lambda} + \gamma T \quad (7\text{-}29)$$

在树模型构建过程中，每个特征都有对应的重要性得分。特征参与叶子节点划分的次数越多，意味其对决策树提供的增益值越大，特征重要性就相对越高。在含有多个影响变量的数据集中，XGBoost 可以自动地从一个训练好的模型中提供数据集变量重要性的估计。一般来说，每个变量可以对应一个分数来表明其在决策树中的重要性程度，决策树中重要性得分与参与关键决策的次数相关。在评判各变量重要程度的过程中，XGBoost 算法给出了下面三种指标：

（1）Weight——该变量在所有树中被用作分割样本的次数；

（2）Gain——所有树中的平均增益；

（3）Cover——在树中使用该变量时的平均覆盖范围。

其中，增益是变量对分支所带来的准确度的提高，此度量值是解释每个变量的相对重要性的最相关属性，因此，采用增益 Gain 来评判变量的重要性。计算公式如下

$$Gain = \frac{1}{2} \lambda \left[\frac{G_L^2}{H_L + \lambda} + \frac{G_R^2}{H_L + \lambda} - \frac{(G_L + G_R)^2}{H_L + H_R + \lambda} \right] - \gamma \quad (7\text{-}30)$$

式中：$\dfrac{G_L^2}{H_L + \lambda}$ 为分割为左子树时的得分；$\dfrac{G_R^2}{H_L + \lambda}$ 为分割为右子树时的得分；$\dfrac{(G_L + G_R)^2}{H_L + H_R + \lambda}$ 为不分割时所得到的分数；γ 为加入新叶子节点引入的复杂度代价。

由于 Gain 具有叠加性，对于一个变量，需要把其在每棵树对应的 Gain 求均值，即可得到每个变量的重要性程度。

7.3.2 基于优化神经网络模型的故障预判方法

考虑到传统方法存在特征提取自适应性不足、网络模型结构复杂以及参数难以调节的难点，CNN–1D 通过共享卷积核，优化计算过程，丰富了深层次网络抽取的序列信息，且表达效果较好，但仍然面临数据预处理复杂以及网络超参数选择困难的问题。BOA 通过定义误差目标函数的概率分布，根据新数据更新采样函数以获得最大的信息增益，并最终找到全局最优，可以较好实现 CNN–1D 超参数的自动寻优。

1. 贝叶斯优化算法

贝叶斯网络又称为信念网络、概率网络、因果网络或知识图，从这些称呼可知，贝叶斯网络是用于描述变量间概率关系的图形模式，图中的节点即为变量，节点间的有向边表示变量间的因果关系，如图 7–7 所示，图 7–7 不仅能体现高度相互影响的变量集的直观界面，还能体现导致有效算法的数据结构，为复杂性和不确定性问题的解决提供了很直观自然的方法，用贝叶斯网络进行不确定性问题推理时用到事件即变量的先验概率及条件概率，推导出事件后验概率，从而找出问题的最优解，用的推理法为概率推理法，在给定一定的证据节点条件下计算查询节点的后验概率分布。

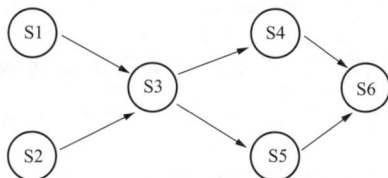

图 7-7 贝叶斯网络模型图

概率代理模型在贝叶斯优化中代表我们对求解问题的先验知识，通常用它来代替未知目标函数进行建模，通过从假设先验开始，不断迭代累积信息并且修正先验，从而得到更加准确的代理模型。代理模型根据模型参数个数可分为参数模型和非参数模型。

（1）参数模型。在参数模型中，先验概率分布的性质由其参数决定，如指数分布、泊松分布等概率，这里假设先验模型的参数为 W，观测得到的数据为 D，利用贝叶斯定理可以得到后验分布 $P(W|D)$ 如式（7-31）所示。也就是在贝叶斯定理中，概率模型参数 W 不再是一个未知的确定性变量，而是被看作另一个随机变量。这样使得可以选择合适的分布对 W 建模，对 W 的先验知识可以在这个分布中体现。后验分布则表示在观察到数据 D 后，对 W 所包含的信息的进一步认识，随着观察的数据越来越多，理论上对 W 的认识也就越来越清晰。

一般来说对每一个似然分布 $P(W|D)$，往往存在一个自然先验分布族，使得后验分布与该先验分布属于同一分布族，这样的分布族称为共轭族。共轭先验的存在使得计算后验分布变得简单，在实际应用中，为了计算简单，往往选择共轭先验作为 W 的分布，这样就可以得到后验分布的解析解。至于分母的 $P(D)$，要计算它的值是比较困难的，但由于它不依赖于模型参数 W，因此完全可以将其看作一个归一化参数，这样只需考虑分子上的似然分布以及关于 W 的先验分布即可。下面介绍几种常见的参数模型。

$$P(W \mid D) = \frac{P(D|W) \cdot P(W)}{P(D)} \qquad (7\text{--}31)$$

1）贝塔 - 伯努利模型。考虑这样一个问题：假设有 K 种药物，我们不知道哪种药物是有效的，并且各种药物的有效性是独立的，我们如何选取合适的实验方案来确定各药物的有效率？这个问题可以扩展为具有多个臂的赌博机问题，即拉下每个臂都有一定概率获得一定的奖励。首先，假设每种药物的有效概率为 W_i，这样可以通过一个参数 $W \in (0,1)^K$ 来表示药物的有效率，并且假设给患者服用某一种药物后，只能得到一个含有两个状态的随机变量 $Y \in \{0,1\}$，也就是只能得到患者治愈（1）、未治愈（0）这两个状态，这是一个二项分布。随着时间的推移，能不断得到关于患者服用药物后的状态，即观测得到的数据为 $D_n = \{a_i, y_i\}_{i=1}^n$，其中 a_i 表示患者服用第 i 种药物，y_i

则表示患者服用药物后的结果。由于二项分布的共轭族是伯努利分布，因此对于 W 分布的一个比较自然的选择是贝塔分布

$$P(W|\alpha,\beta)=\prod_{i=1}^{K}Beta(W_i\,|\,\alpha,\beta) \qquad (7-32)$$

式中：$\prod_{i=1}^{K}Beta(W_i|\alpha,\beta)=\dfrac{\Gamma(\alpha+\beta)}{\Gamma(\alpha)\Gamma(\beta)}w^{\alpha-1}(1-w)^{\beta-1}$，$\alpha$、$\beta$ 为贝塔分布的参数，$\Gamma(\cdot)$ 为伽马函数。为了得出 W 后验分布，记 $n_{a,1}$ 表示被药物 a 治愈的患者人数，$n_{a,0}$ 表示服用药物，却未能被治愈的患者人数。那么由共轭性质很容易得出后验分布

$$P(W|D)=\prod_{i=1}^{K}Beta(W_i\,|\,\alpha+n_{a,1},\beta+n_{a,0}) \qquad (7-33)$$

由于可以得到后验分布的解析解，因此当观测数据不断增加时，可以对更新后的后验分布进行抽样，这样可以选取治愈率最高的药物进行下一次试验，重复这个过程，最终能找到哪种药物是最有效的。由于后验分布能根据每一次观测数据进行反馈调节，因此整个过程是非常高效的，只需较少次数的试验就能得到理想的解。贝塔－伯努利模型不仅仅适用于药物试验问题，也能应用于 A/B 测试以及推荐系统等。

2）线性模型。由于贝塔－伯努利模型是直接对模型参数建模，并且其模型空间大小与模型参数个数呈指数关系，因此当模型参数较大时，其模型空间过大使得搜索一次全空间变得不可行。线性模型则通过假设模型参数之间存在着线性关系，使得模型空间大小显著降低，因此可以有效地减少搜索次数。

一般来说，线性模型假设对每种模型参数配置 i 都对应着

一个 d 维的特征向量 x^i，并且针对每种参数配置能得到的反馈为 $x_i^T W$，其中 W 代表权重向量，也就是需要获得其后验分布的随机变量。对于每一次反馈，得到的观测值为 $y_i = x_i^T W + \varepsilon_i$，通常假设噪声 ε_i 时独立同分布的：$\varepsilon_i \sim N(0, \sigma^2)$。由此可以得到观测值 y_i 的分布也是高斯分布

$$P\left(y_i | W, \sigma^2\right) = N\left(x_i^T W, \sigma^2\right) \tag{7-34}$$

记 n 次反馈的观测值向量为 Y，对应的 $n \cdot d$ 大小决策矩阵为 X，假设参数 W，σ^2 是服从 Normal–Inverse–Gamma 分布，其概率密度函数如下所示

$$NIG\left(W, \sigma^2 | W_0, V_0, \alpha_0, \beta_0\right) = \left|2\pi\sigma^2 V_0\right|^{-\frac{1}{2}} \exp\left\{-\frac{1}{2\sigma^2}\left(W - W_0\right)^T\right.$$
$$\left. V_0^{-1}\left(W - W_0\right)\right\} \times \frac{\beta_0^{\alpha_0}}{\Gamma\left(\alpha_0\right)\left(\sigma^2\right)^{\alpha_0 + 1}}$$
$$\exp\left\{-\frac{\beta_0}{\sigma^2}\right\} \tag{7-35}$$

可以看到该分布具有四个超参数，分别为 $W_0, V_0, \alpha_0, \beta_0$。和贝塔–伯努利模型一样，共轭先验的参数分布使得后验分布同样是 Normal–Inverse–Gamma 分布

$$P\left(W, \sigma^2 | D\right) = NIG\left(W_n, V_n, \alpha_n, \beta_n\right) \tag{7-36}$$

其中 W_n，V_n，a_n，β_n，分别为

$$W_n = V_n\left(V_0^{-1} w_0 + X^T Y\right) \tag{7-37}$$

$$V_n = \left(V_0^{-1} + X^T X\right)^{-1} \tag{7-38}$$

$$\alpha_n = \alpha_0 + \frac{n}{2} \tag{7-39}$$

$$\beta_n = \beta_0 + \frac{1}{2}\left(W_0^{\mathrm{T}}V_0^{-1}W_0 + Y^{\mathrm{T}}Y - W_n^{\mathrm{T}}W_0^{\mathrm{T}}V_n^{-1}W_n\right) \quad (7\text{-}40)$$

这个模型很容易扩展，如将特征向量的线性组合转换为含有多个以特征向量为基函数的线性组合，这样能引入非线性特性来增加模型的表达能力。同样，当得到后验分布的信息后，可以采用随机抽样的方式来从后验分布中抽样，然后选取最优的试验方案进行试验，得到观测值，并且继续反馈修正后验分布，重复这个过程，直到得到理想方案。

3）广义线性模型。线性模型以一种简单直观的方式来组合决策变量，但是由于其观测变量的值是实数型的，因此该模型不适合处理观测值为离散型变量时的情形。广义线性模型则通过一个链接函数，将线性模型的观测值从整个实数域映射到一个易于处理的局部实数域。然而，由于链接函数的引入，使得模型在增加表达能力的同时也失去了与此对应的共轭先验分布。因此广义线性模型的后验分布通常是无法计算出其解析表达式的，这时往往只能通过模拟采样的方法来近似模拟后验分布，如马尔可夫 – 蒙特卡洛方法。

（2）无参数模型。参数模型不够灵活，而且为了增加模型的表达能力，一般会采用增加模型参数的方式，使得模型变得十分庞大。无参数模型则相对灵活，其模型参数通常是隐式的包含在模型之中的，而且其表达能力可以随着观测数据的增加而增加。下面介绍几种常见的无参数模型。

1）高斯过程。高斯过程 $GP\left[\mu(x), k(x, x')\right]$，是一种被广

泛用于对函数进行建模的无参数模型，高斯过程可以看作是多元高斯分布扩展到无穷维空间的随机过程，也就是说，对于一个高斯过程，其任意有限个随机变量的联合分布是一个多元高斯分布。它主要由其均值函数 $\mu(x)$ 和协方差函数 $k(x,x')$ 确定。通常假设目标函数采样于一个均值函数为 0 的高斯过程 $GP\big[0,k(x,x')\big]$，即 $f(x) \sim GP\big[0,k(x,x')\big]$。这并不影响高斯过程的表现，因为在后续的迭代过程中，后验均值可由累积的数据修正。在采用高斯过程作为先验概率模型时，由于存在目标函数具有一致连续或利普西茨连续的平滑性假设，因此协方差函数需要满足对于两个相近的点 x, x'，其观测值 y, y'，应该是相似的条件。协方差函数的选择直接影响到模型的表现，一个理想的协方差函数能得到理想的结果，反之，可能会得到极差的结果。对高斯过程而言，协方差函数决定了样本函数的光滑性质，也限制了高斯过程能拟合的函数类型。为了提高高斯过程的普适性，通常在协方差函数中加入一些超参数，这样在训练的过程中可以根据数据不断修正这些超参数，使得代理模型更加接近真实的目标函数。常见的协方差函数有指数协方差函数、指数平方协方差函数以及 Martern 协方差函数等，其中 Martern 协方差函数是一类高度灵活的系方差函数，其表达式如下

$$k(x_i, x_j) = \frac{1}{2^{r-1}\Gamma(r)}\left(2\sqrt{r}\left\|x_i - x_j\right\|^r\right) H_r\left(2\sqrt{r}\left\|x_i - x_j\right\|\right) \quad (7\text{--}41)$$

式中：$\Gamma(\cdot)$、$H_r(\cdot)$ 分别为伽马函数和第二类贝塞尔函数，可以看到在该协方差函数中存在许多参数，因此它的灵活度非常高，比如，当 $r=1/2$ 时被称为指数协方差函数，$r \to \infty$ 时称为平方指数协方差函数。

2）随机森林。随机森林作为一种集成学习方法，其基本思想是用同一数据训练出多个基学习器，最后再对各个基学习器的输出进行加权得到最终的输出。随机森林选择决策树作为其基学习器，并在基于集成学习的基础之上，进一步引入随机属性选择机制，使得随机森林的性能达到了集成学习算法的最高水准，并且随机森林的计算相对于高斯过程小很多，因此在大规模数据领域，随机森林的应用占据了绝对的优势。

3）神经网络。神经网络是一种模拟人类大脑运作机制的算法，神经网络分为多层，每一层都有一定数量的神经元，相同层之间的神经元一般不会有连接，不同层之间的神经元之间互相连接。在理论上，具有无限多层的神经网络等价于一个高斯过程，因此神经网络具有极其强大的表达能力，可以以任意精度近似具有多项式时间复杂度的函数。但是如何设计合理的网络架构，以及高效的训练方法来训练神经网络仍是一个亟待解决的问题。

2. 基于贝叶斯优化的一维卷积神经网络故障预判模型

采用基于 BOA 优化的 CNN–1D 构建变流器故障预判模型，利用 BOA 对 CNN–1D 的学习率 lr、迭代次数 iter、batchsize、第

一层卷积层的核大小和数量（ker1_size、ker1_num）、第二层
卷积层的核大小和数量（ker2_size、ker2_num）以及两个全连
接层（fc1_num、fc2_num）的神经元数超参数总计共 9 个参数
进行优化，CNN–1D 模型示意图如图 7–8 所示。

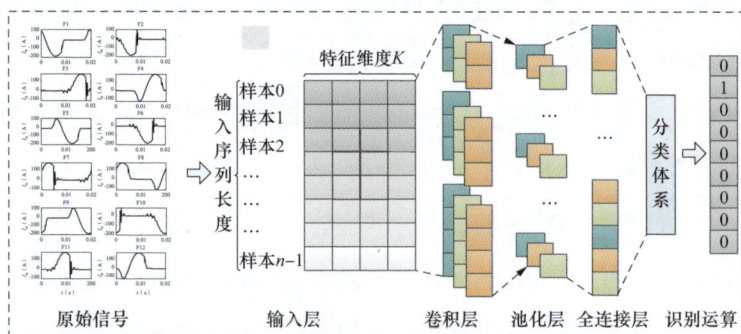

图 7-8　CNN-1D 模型示意图

根据构建的故障特征挖掘模型，计算交流侧三相电流信号
的 MFCC 特征集，针对每种故障的挖掘结果，采用 BOA 和 CNN–
1D 构建变流器 IGBT 开路故障预判模型。详细建模过程如下：

（1）通过操控变流器 IGBT 的开合来模拟开路故障，并采
集储能变流器在充放电两种状态下每种开路故障类型的三相输
出电流，构建原始数据集。

（2）对原始数据集中的三相输出电流进行分帧等预处理，
处理得到的每帧电流信号作为第 1 个开路故障信号样本，并提
取每个样本的 MFCC 特征集 z。

（3）采用核主成分分析 KPCA 对提取的 MFCC 特征集进

行降维，得到低维非线性的故障特征向量 Z^l。

（4）使用所有样本的故障特征向量和类型标签，对一维卷积神经网络 CNN–1D 进行训练，并使用 BOA 对其调参过程进行优化，得到 BOA–CNN–1D 开路故障预判模型。

（5）实时采集储能变流器当前状态的三相输出电流，按照步骤（2）提取 MFCC 特征集，并提取与步骤（3）相同的低维非线性的故障特征向量，再输入到训练好的 BOA–CNN–1D 模型，输出即可判断出储能变流器当前状态的故障类型。

经过 BOA 优化后的深度学习模型参数见表 7–1，并将所选 KPCA–MFCC 特征输入 BOA–CNN–1D 模型中，由图 7–9 中损失值和正确率变化曲线可知：经 KMFCC 处理的低维特征向量作为诊断模型的输入，信号的识别精度和效率较佳。

表 7–1　　　CNN–1D 诊断模型参数优化结果

参数	优化结果	参数	优化结果
lr	0.0054	ker2_size	4
iter	20	ker2_num	20
batchsize	171	fc1_num	19
ker1_size	4	fc2_num	29
ker1_num	3		

为了进一步验证本文模型的有效性，基于相同数据集与现有方法进行了对比验证，对比方法包括：

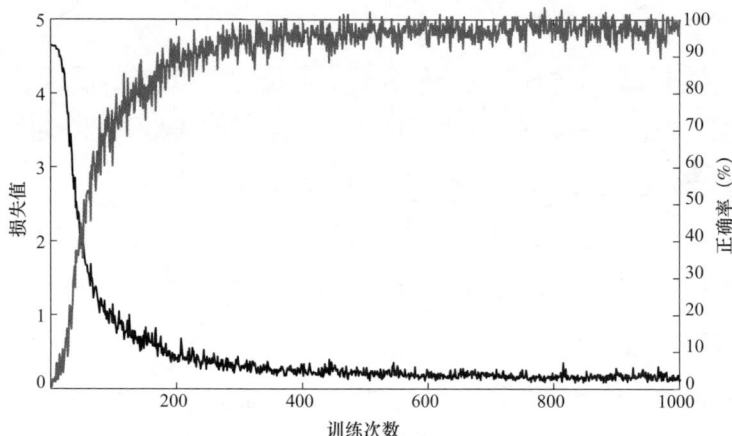

图 7-9　损失值和准确率变化曲线

1）经验模态分解（empirical mode decomposition，EMD）法。为一种常用特征提取方法，通过将每个信号都分解为若干个固有模态函数，实现不同趋势特征的提取。

2）支持向量机（support vector machine，SVM）法。其使用单核非线性 SVM 进行故障预判，核函数为径向基函数。

3）BOA-SVM 法。其使用 BOA 对 SVM 模型中的惩罚系数 c 和核参数 $gamma$ 进行自动寻优。

4）CNN-1D 法。其包含 2 个卷积层和 2 个全连接层，通过 Softmax 层输出故障预判结果。

5）本文提出的 BOA-CNN-1D 法。其网络结构为 CNN-1D，并利用 BOA 对神经网络的超参数进行自动寻优。

为更好地验证本文方法的可行性，利用 MATLAB R2019a

进行并网储能变流器的故障仿真实验，对储能变流器充放电两种工况的不同故障状态进行模拟。因充放电工况故障波形差异较大，故分开考虑，其中，每个工况将采集 79 种故障状态，每个故障状态采集样本数为 $N=2000$ 个，因此，共有 $2 \times 79 \times 2000$ 个样本。现按 7∶2∶1 的比例将上述样本分别划分为训练集、验证集、测试集，其中验证集用于优化超参数，测试集用于测试模型性能。

为了提高模拟实验的可靠性，该实验加入不同信噪比（signal-to-noise ratio，SNR）的白噪声。其中，SNR 的计算公式如下

$$E = \frac{1}{S} \cdot \int_0^S x(s)^2 \, \mathrm{d}s \qquad (7-42)$$

$$R = 10 \cdot \ln \frac{E(p)}{E(n)} \qquad (7-43)$$

式中：$E(p)$ 和 $E(n)$ 为信号和噪声的能量；R 为 SNR 值，dB。SNR 值越高代表噪声所占比例越小。

综合试验结果分析表 7-2 中不同方法的诊断精度，可以得出：

表 7-2　　　　CNN-1D 诊断模型参数优化结果

方法类别		SNR（dB）下准确率（%）				
		−1	0	5	10	无噪声
EMD	SVM	79.87	85.61	86.20	89.70	90.11
	BOA-SVM	84.12	90.23	92.67	92.10	95.31
	CNN-1D	85.03	91.65	91.98	91.48	94.83

方法类别		SNR（dB）下准确率（%）				
		−1	0	5	10	无噪声
EMD	BOA-CNN-1D	90.16	91.04	91.91	92.17	96.15
KMFCC	SVM	83.15	85.95	86.31	90.02	92.02
	BOA-SVM	86.34	90.01	93.82	95.10	96.36
	CNN-1D	87.45	91.36	92.54	93.46	97.12
	BOA-CNN-1D	95.15	96.16	97.02	97.79	98.91

1）在第一组实验中，对比了 EMD 组中四种故障预判方法，在信噪比值为 –1、10 及无噪声环境下，BOA-CNN-1D 实验组的故障预判准确率明显高于其他方法组，而在信噪比值为0 与 5 环境下 BOA-CNN-1D 实验组的诊断准确率与最优组相差较小，说明该场景下模型参数的优化对综合诊断精度提升有限。由此可知，在第一组实验中 EMD-BOA-CNN-1D 结果优于其他方法。

2）在第二组实验中，对比 KMFCC 组中四种故障预判方法，在信噪比值为 –1、0、5、10 及无噪声环境下，BOA-CNN-1D 实验组的故障预判的准确率明显高于其他方法。由此可见，在第二组实验中 KMFCC-BOA-CNN-1D 结果明显优于其他方法。

3）与上述结果对比可知：KMFCC-BOA-CNN-1D 结果明

显优于 EMD-BOA-CNN-1D 的结果。在两种不同特征提取方法实验结果中可以得知，在不同噪声作用下 BOA-CNN-1D 都具有较高精度，说明本文构建的 BOA-CNN-1D 具有较好的准确率和鲁棒性，可以更好提高三电平逆变器故障预判准确率。

4）不同方法的故障预判误差对比结果如图 7-10 所示，KMFCC-BOA-CNN-1D 的诊断误差明显低于其他 7 组实验组，主要是由于 KMFCC 对故障数据进行了不同频率区间能量分布和包络特征的分析，BOA-CNN-1D 可以准确地提取故障结果，最终实现故障的识别和诊断。另外，分析 KMFCC-BOA-CNN-1D 模型在不同噪声场景下的 PCS 运行一个周期结束，

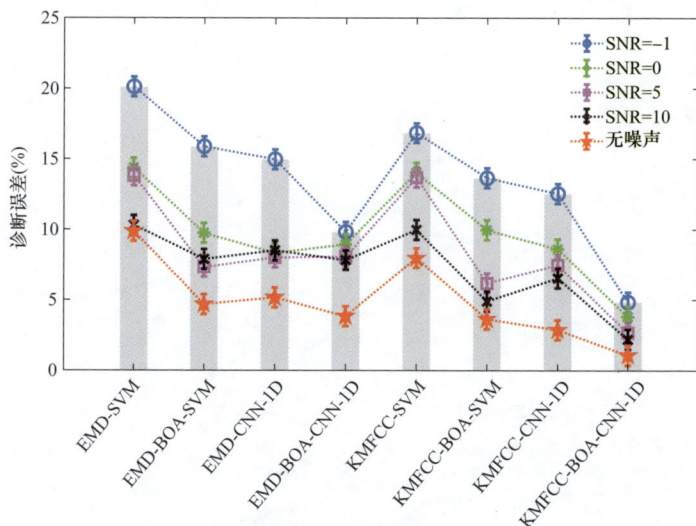

图 7-10　不同方法的故障预判误差对比

诊断所用时间分别为 0.022、0.021、0.021、0.019、0.020s，具有较高的故障信号识别效率，基本满足实际工程应用。所以，KMFCC–BOA–CNN–1D 在实现储能变流器的 IGBT 开路故障预判中具有较好的效果。

8

电化学储能电站 PCS 舱重要告警信号辨识与校验技术

　　研究无监督分类算法对 PCS 舱电气设备交流侧电压、电流、告警故障状态做相关分析，在缺乏先验故障样本的背景下实现 PCS 舱电气设备异常告警信号输出，整个流程如图 8-1 所示。变压器并网柜的输出功率能够较好地反映设备的运行性能，因此基于功率数据建立 PCS 舱电气设备的性能退化指标，划分机组状态，对故障提前报警。PCS 电气设备重要信号告警系统，输出告警信号状态。

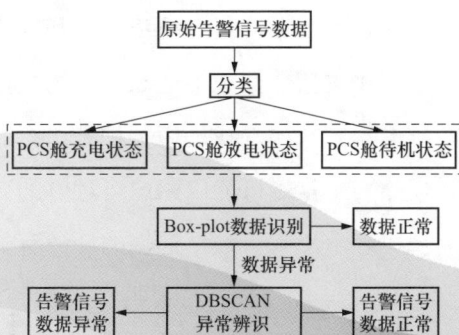

图 8-1　算法结构流程图

8.1 PCS舱重要告警信号分析

8.1.1 PCS舱电气设备分析

PCS舱采用集成化设计，将储能双向变流器（PCS）、就地监控、配电柜、升压变压器等设备集成到1个集装箱单元中，该标准单元拥有自己独立的自供电系统、温控系统、阻燃系统、火灾报警系统、安全逃生系统、应急系统等自动控制和安全保障系统，具有高集成度、高可靠性、高机动性等特点，易于模块化配置。

储能电站的PCS舱电气设备运行维护工作关系到电站是否能健康正常的运行。引入运维相关新技术，奠定本子任务研究的理论基础，实现PCS舱电气设备状态精准监测以及无人智能运维的目标，确保储能电站的安全稳定运行。本子任务研究的理论依据涵盖以下几个方面：

（1）数据挖掘：通过分析每个数据，从大量数据中寻找其规律的技术，主要有数据准备、规律寻找和规律表示三个步骤。数据准备是从相关的数据源中选取所需的数据并整合成用于数据挖掘的数据集；规律寻找是用某种方法将数据集所含的规律找出来；规律表示是尽可能以用户可理解的方式（如可视化）将找出的规律表示出来。数据挖掘的任务有关联分析、聚类分析、分类分析、异常分析、特异群组分析和演变分析等。

从储能电站运维中所获取的数据用来做电网的运维分析规划等。

（2）数据分析：指用适当的统计分析方法对收集来的大量数据进行分析，将它们加以汇总和理解并消化，以求最大化地开发数据的功能，发挥数据的作用。把隐藏在一大批看来杂乱无章的数据中的信息集中和提炼出来，从而找出所研究对象的内在规律。在实际应用中，数据分析是有组织有目的地收集和分析数据，构成信息分析关键过程，从而协助最优决策。

图 8-2 给出了典型拓扑结构下电池储能功率变换系统的物理结构示意图，从图中可以看出，功率变换系统主要由直流软启动电路、直流滤波电容、IGBT 功率模块、控制保护单元、交流 LC 滤波器、交流并网接触器、交流 EMI 滤波器、交流断路器、避雷器及干式变压器构成。

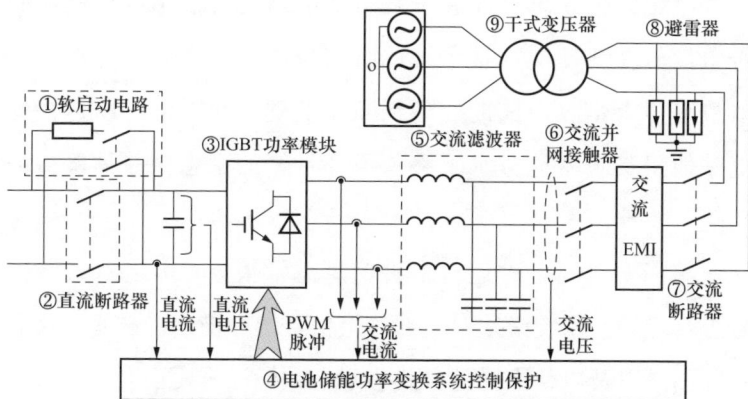

图 8-2　PCS 舱电气设备物理结构示意图

8.1.2 PCS舱设备告警信号分析

随着变电站设备装备水平的提高及监控自动化技术的发展与应用，变电站的自动化程度越来越高，信息量也越来越大。相应地，对变电站后台监控系统的要求也越来越高，在告警信息的处理能力方面体现得尤为明显。变电站现场设备的所有信号已通过自动化系统采集，信息量足够丰富，但没有进行进一步的加工处理。目前普遍存在的问题是，变电站设备运行监视的模拟量、开关量信息由监控系统采集后，全部按时间顺序显示，未作进一步的分层或判断处理。各种信号动作频繁，值班员监控任务较重，很容易遗漏重要告警信号，一旦发生事故，动作的事件记录很多，变电站值班员无所适从，很难抓住重点，影响事故的正确处理。因此，需要在变电站监控系统上安装一套对变电站运行信息进行处理的告警信号在线储能处理系统，对信号进行分类显示处理，提取故障报警信息，辅助故障判断及处理，同时也可以弥补变电站值班员技术业务水平参差不齐带来的隐患，并具备培训功能。

储能变电站各种运行告警信息总量很大，需要对告警信号进行过滤。系统必须对全部告警信号统一描述，过滤出要显示的信号以及以什么样的方式显示，并标注重要程度。从运行人员的关注度来看，主要分为三类信息，第一类信息是一般的提示性信息，经常会上送但不需要运行人员特别关注，如，保护启动及动作信号返回等。第二类信息是设备的告警信号，如，开关机构异常信号、二次保护装置异常信号等，这类信息虽然没有直接引发事故跳闸，但是某些告警信息的持续发展以及有关联的多个设备的告警，实际隐含着可能的故障，如果不针对这些告警信息进行综合分析，并消除这些异常告警，持续发展下去则会导致事故的发生，因此，运行人员必须对这些设备的异常 / 告警信息给予重点关注。第三类信息是跳闸事故信息，事故信号产生时一般都伴随着保护动作，开关跳闸。事故发生时，要求运行人员在尽可能短的时间内判断出事故性质和事故发生的原因，以便上报调度，并依据调度指导进行故障的隔离和恢复操作。

因此，在实际工程应用中可将变电站报警信息分为三类：提示信息、告警信息、跳闸事故信息。

（1）提示信息：

1）保护启动及动作信号返回信号；

2）远近控操作动作（切换开关）信号；

3）故障录波器启动信号。

（2）告警信息：

1）保护装置异常（电源故障、闭锁、自检等）告警信号；

2）故障录波及自动装置异常告警信号；

3）保护及自动装置通信异常告警信号；

4）开关机构异常信号；

5）所有交流系统有关告警信号：失电、空气开关跳闸等信号；

6）主变压器工作电源（备用电源）失去或切换、冷却器故障、有载调压动作或故障信号；

7）直流系统有关告警信号：充电机（高频电源）失电或故障、绝缘降低直流接地等信号；

8）中央公共告警信号；

9）其他接入监控的自动装置故障信号：消防信号；

10）模拟量越限信号（带延时判断）：PCS 舱内直流母线电压和电流，PCS 输出有功功率，线路保护装置 A、B、C 三相电流以及 AB、BC、CA 三相电压信号；

11）闭锁性信号；

12）隔离开关变位信号。

（3）跳闸事故信息：

1）开关变位信号；

2）保护动作信号；

3）事故信号动作、开关跳闸信号；

4）全稳控装置动作信号；

5）备用电源自动投入装置动作信号；

6）低频减载装置动作信号。

8.2　分工况处理算法

本方法采用的分工况处理算法结合 K-Means 聚类算法和
PCA 降维算法，实现充放电工况分工况处理。K-Means 聚类是
数据挖掘的重要分支，同时也是实际应用中最常用的聚类算法之
一。PCA（principal component analysis）是一种常见的数据分析方
式，常用于高维数据的降维，可用于提取数据的主要特征分量。

8.2.1　K-Means 聚类算法

K-Means 聚类算法属于一种动态聚类算法，也称为逐步
聚类法，该算法的一个比较显著的特点就是迭代过程，每次都
要考察对每个样本数据的分类正确与否，如果不正确，就要进
行调整。当调整完全部的数据对象之后，再来修改中心，最后
进入下一次迭代的过程中。若在一个迭代中，所有的数据对象
都已经被正确的分类，那么就不会有调整，聚类中心也不会改
变，聚类准则函数也表明已经收敛，那么该算法就成功结束。

传统的 K-Means 算法的基本工作过程：首先随机选择 k
个数据作为初始中心，计算各个数据到所选出来的各个中心的
距离，将数据对象指派到最近的簇中；然后计算每个簇的均
值，循环往复执行，直到满足聚类准则函数收敛为止。通常采
用的是平方误差准则函数，这个准则函数试图使生成的 k 个结

果簇尽可能地紧凑和独立。其具体的工作步骤如下：

输入：初始数据集 DATA 和簇的数目 k。

输出：k 个簇，满足平方误差准则函数收敛。

（1）任意选择 k 个数据对象作为初始聚类中心；

（2）Repeat；

（3）根据簇中对象的平均值，将每个对象赋给最类似的簇；

（4）更新簇的平均值，即计算每个对象族中对象的平均值；

（5）计算聚类准则函数 E；

（6）Until 准则函数 E 值不再进行变化。

图 8-3 显示了 K-Means 聚类算法对于包含多个对象簇数

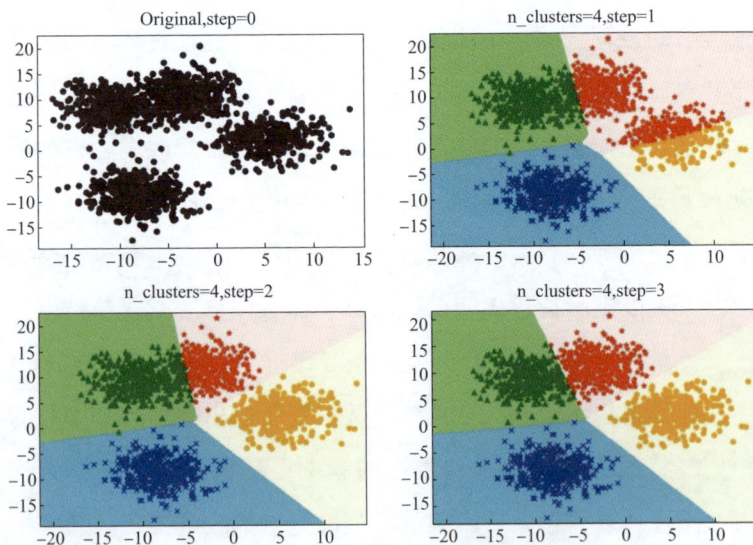

图 8-3　K-Means 聚类算法的工作过程

据集的聚类过程。

K-Means 的算法步骤为：

（1）给出 n 个数据样本，令 $I=1$，随机选择 K 个初始聚类中心 $Z_j(I)$，$j=1$，2，$\cdots$，K；

（2）求解每个数据样本与初始聚类中心的距离 $D(x_i, Z_j(I))$，$i=1$，2，$\cdots$，n，$j=1$，2，$\cdots$，K，若满足 $D(x_i, Z_j(I))=\min\{D(x_i, Z_j(I))$，$i=1$，2，$\cdots$，$n\}$，那么 $x_i \in \omega_k$；

（3）令 $I=I+1$，计算新聚类中心 $Z_j(2)=\dfrac{1}{n}\sum_{i=1}^{n_j} x_i^{(j)}$，$j=1$，2，$\cdots$，$K$ 以及误差平方和准则函数 J_c 的值：$J_c(2)=\sum_{j=1}^{K}\sum_{k=1}^{n_j}\left\| x_k^{(j)} - Z_j(2) \right\|^2$；

（4）判断：如果 $\left| J_c(I+1) - J_c(I) \right| < \zeta$，那么表示算法结束，反之，$I=I+1$，重新返回第 2 步执行。

从该算法的框架能够得出：K-Means 算法的特点就是调整一个数据样本后就修改一次聚类中心以及聚类准则函数 J_c 的值，当 n 个数据样本完全被调整完后表示一次迭代完成，这样就会得到新的 J_c 和聚类中心的值。若在一次迭代完成之后，J_c 的值没有发生变化，那么表明该算法已经收敛，在迭代过程中，J_c 值逐渐缩小，直到达到最小值为止。该算法的本质是把每一个样本点划分到离它最近的聚类中心所在的类。

K 值的选取对 K-Means 影响很大，这也是 K-Means 最大的缺点，常见的选取 K 值的方法有：手肘法、Gap statistic 方法。通过手肘法我们认为拐点 3 为 K 的最佳值。

手肘法的缺点在于需要人工看，不够自动化，所以我们又有了 Gap statistic 方法

$$Gap(K) = E(\lg D_K) - \lg D_K \qquad (8-1)$$

式中：D_K 为损失函数，这里 $E(\lg D_K)$ 指的是 $\lg D_K$ 的期望。这个数值通常通过蒙特卡洛模拟产生，在样本里所在的区域中按照均匀分布随机产生和原始样本数一样多的随机样本，并对这个随机样本做 K-Means，从而得到一个 D_K。如此往复多次，通常 20 次，可以得到 20 个 $\lg D_K$。对这 20 个数值求平均值，就得到了 $E(\lg D_K)$ 的近似值。最终可以计算 Gap statisitc。而 Gap statistic 取得最大值所对应的 K 就是最佳的 K。

使用 K-Means 算法进行电气设备分工况处理可以达到以下效果：

（1）容易理解，聚类效果不错，虽然是局部最优，但往往局部最优就够了；

（2）处理大数据集的时候，该算法可以保证较好的伸缩性；

（3）当簇近似高斯分布的时候，效果非常不错；

（4）算法复杂度低。

8.2.2　降维算法

PCA 是在原始变量的基础上，删去一部分具有相互关系的变量，构造一组变量个数尽可能少的新变量的组合，并且这些新组合中的变量不存在两两之间的相互关系。然后，数据信

息将被分为两部分，一个是模型子空间中的线性趋势或方向，另一个是残差子空间中噪声或异常值的不确定性，同时这些新变量所反映的信息尽可能多地保留了原始数据所想表达的信息。PCA 降维图如图 8-4 所示。

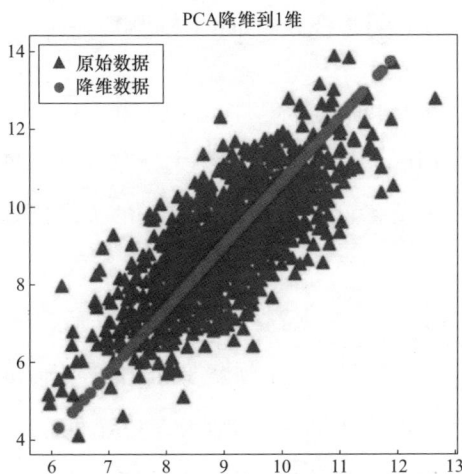

图 8-4　PCA 降维图

其中 PCA 算法的步骤如下：

设有 m 条 n 维数据。

（1）将原始数据按列组成 n 行 m 列矩阵 X；

（2）将 X 的每一行进行零均值化，即减去这一行的均值；

（3）求出协方差矩阵 $C = \dfrac{1}{m} XX^{\mathrm{T}}$；

（4）求出协方差矩阵的特征值及对应的特征向量；

（5）将特征向量按对应特征值大小从上到下按行排列成

矩阵，取前 k 行组成矩阵 P；

（6）$Y=PX$ 即为降维到 k 维后的数据。

8.3　多维数据流异常辨识

8.3.1　箱形图（Box-plot）检测算法

箱形图（Box-plot）又被称为箱线图，是一种常用来显示样本数据散布情况的统计图，而对于任意样本数据，有时在样本数据中会存在或多或少异常值，这样的极端值被称为异常值或强影响点。

在日常研究中，在拿到一组样本数据后，通常需要对样本数据进行预处理以检测并判断是否需要剔除异常值，常用的方法有拉依达准则（即 3σ 原则）、回归诊断、残差分析以及箱形图检测等方法。与其他检测方法相比，箱形图检测方法是通过对实际数据的绘制来直观、真实地显示出样本数据分布的原本面貌，不需要像其他检验方法对数据做出一些限制性的要求，例如，利用拉依达准则对异常数据进行检测时，需要样本服从或者近似服从正态分布，它在判断异常值时是以样本数据求得的均值和标准差作为基础，但样本均值和标准差自身的耐抗性较差，结果受到异常值自身的影响很大，因此利用该方法在判断非正态分布样本数据时，其有效性是十分有限的。利用箱形图可以很直观地识别出样本中的异常点（或离群点）以及强影响点，再结合实际情况判断是否需要剔除，通过对数据进行预处理，剔除异常点和强影响点从而实现对数据模型的改进，其工作原理流程如图 8-5 所示。

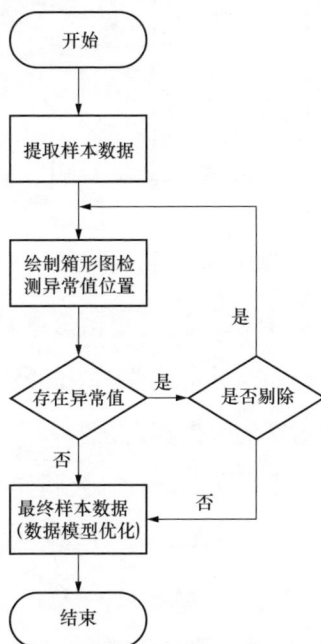

图 8-5　基于箱形图的数据模型优化工作原理流程图

　　箱形图检测异常值模型是基于四分位数和四分位数距，通过定义上下边界的位置来确定数据正常值的范围。并且由于四分位数具有较好的耐抗性，当四分之一的数据变化任意距离而不会过多地干扰到样本的四分位数，因此异常值不会过多影响到箱形图自身具有的数据形状，从而使箱形图对异常值的检测结果更加客观，具有一定的优越性，具体的箱形图模型如图 8-6 所示。

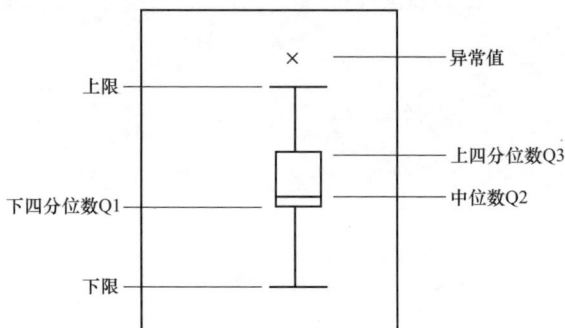

上限

上四分位数Q3

下四分位数Q1

中位数Q2

下限

异常值

图 8-6　箱形图模型

根据图 8-6 可以看出，在利用箱形图检测异常值时，需要确定上、下限值，即非异常值范围内的最大值和最小值，箱体中包含了大部分正常的数据，而在上、下限之外的数据即为异常数据。其中上、下限边界的计算公式如下

$$上限 = Q_3 + K \times IQ_R = Q_3 + (Q_3 - Q_1) \times K \qquad (8-2)$$

$$下限 = Q_1 - K \times IQ_R = Q_1 + (Q_3 - Q_1) \times K \qquad (8-3)$$

式中：Q_1 为下四分位数，即 25% 分位数；Q_2 为中位数，即 50% 分位数；Q_3 为上四分位数，即 75% 分位数；K 为一常系数，是由大量分析和经验积累得到的标准，一般情况下 K 的取值为 1.5；IQ_R 为四分位距。

8.3.2　DBSCAN 异常辨识算法

无源信号放大器的工作情况异常会导致一段时间内信号

强度的较大变化，从而影响实际信号的输出，进而影响用户的使用体验，因此及时检测维修异常放大器就显得尤为重要。PSC 系统采集的数据主要由 PCS 直流母线电流、PCS 直流母线电压、PCS 有功功率、线路保护装置电流 A 相、线路保护装置电流 B 相、线路保护装置电流 C 相、线路保护装置电压 AB 相、线路保护装置电压 BC 相和线路保护装置电压 CA 相共九个重要的字段表征，因此可以通过对这九个关键数据字段进行分析，筛选出异常信号。由于该信号数据没有标签，因此无监督学习方法是首选的数据分析方法。无监督算法的内涵是观察无标签数据集自动发现隐藏结构和层次，在无标签数据中寻找隐藏规律。

DBSCAN（density-based spatial clustering of applications with noise）算法是一种非常经典的基于密度的聚类方法，该算法不需要指定最终生成簇的数量并且较容易在具有噪声的空间数据库中发现任何形状的簇类，因此在对噪声较为敏感的信号数据分析上具有较强的优越性。该算法可以基于密度相连的点的最大集合将信号分为不同的簇，筛选出异常信号数据，从而通过异常信号信息对应的百度地图坐标和位置的详细描述，找到采集异常数据时的具体位置。

DBSCAN 算法的算法思想是将待聚类数据集中的所有密度可达对象都作为同一个簇，其基本处理过程是从待聚类数据集中随机选择一个对象，并以该对象是核心对象为前提，首先开

始对 p 进行扩展，紧接着需要对核心对象 p 的邻域 $N_\varepsilon(p)$ 中的每个核心对象挨个扩展，重复进行以上对象扩展操作直至 p 的所有密度可达节点都被遍历一次，并将 p 与所有密度可达节点标记为同一簇；然后再从数据集中随机选择一个未被标记的核心对象 q 开始，继续寻找 q 的所有密度可达节点；重复进行以上操作，最后所有的核心对象都会被标记为某一类簇即完成了聚类的全部过程。

DBSCAN 具体的工作步骤如下：

输入：待聚类对象集 S，聚类半径 ε、密度阈值 $MinPts$。

输出：每个对象的簇编号。

（1）从待聚类的数据集 D 中随机选择一个初始对象 p。

（2）遍历所有数据点，计算 D 中除 p 之外的所有对象到对象 p 之间的距离，判断是否满足 ε 条件，若小于 ε，则将对象 p 包含的数目执行加 1 操作，直至计算完整个数据集；反之，对象 p 包含的对象数目不执行加 1 操作。

（3）判断对象 p 的 ε 邻域内的所有对象数目是否大于等于 $MinPts$，若成立，则将对象 p 标记为核心对象，反之，则标记为噪声对象。

（4）对整个数据集 D 中剩下的所有对象重复以上操作，直至所有的对象都被标记为某一个类簇或者是噪声对象。

（5）输出每个对象对应的类簇编号以及噪声数据集。

使用 DBSCAN 算法进行异常辨识可以达到以下效果：

（1）不需要事先知道要形成的簇类的数量；

（2）可以发现任意形状的簇类；

（3）能够识别出噪声点；

（4）对于数据库中样本的顺序不敏感，即输入顺序对结果的影响不大。

8.3.3　运行数据实验分析

通过实时采集数据呈现，如图 8-7 所示，可以观测到功率变换系统的充放电运行状态数据差异极大，数据以天为单位

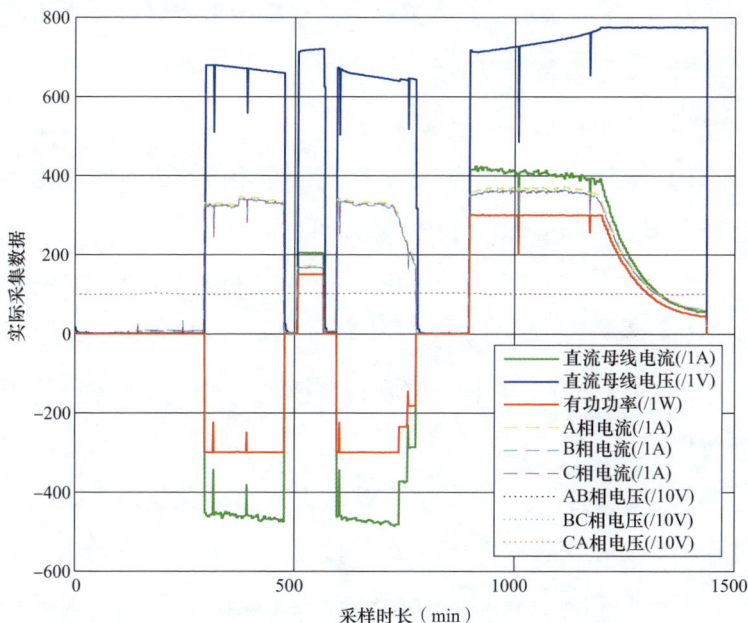

图 8-7　实时采集数据分布示意图

规律分布，但一天的数据分布无规律，异常数据难以识别。

基于上述分析，提出一种变工况在线异常检测算法，根据实时数据不断修正模型参数，以实现实时异常辨识，并为后面故障诊断和告警信号校验奠定基础。算法输入 PCS 舱采集的 9 维数据进行基于自适应 DBSCAN（主要是聚类思想）的异常检测模型训练，模型输出在线数据流的异常 / 正常。具体步骤：

（1）离线参数初始化：输入 PCS 舱历史采集的 9 维数据进行基于自适应 DBSCAN 的异常检测模型训练，得到模型的初始参数（Eps 为数据点邻近区域的半径大小；$MinPts$ 为邻近区域内至少包含数据点的个数）。

（2）参数在线自适应调整：

1）遍历计算移动窗口内的距离分布矩阵，进行归一化及分箱处理，得到 Eps、$MinPts$ 参数列表；

2）根据不同参数对应的聚类评分 CDI 值，设置 CDI 阈值确定最优参数；

3）基于最优参数构建异常检测模型，对新数据进行检测与辨识。

基于观测得出每日储能电站数据规律大致相同，故选择使用前一日正常数据进行训练，对之后的新数据进行检测。其中，训练集和测试集采样时长均为 $S=1440$。根据工程效果考虑，本文将 $MinPts$ 预设为 1~10。

将训练集中数据输入参数自适应模型，输出得到 Eps 参数列表，将其与 $MinPts$ 参数列表组合，并输入 DBSCAN 模型输出 CDI 值和检测精度结果，如图 8-8、图 8-9 所示，$MinPts$ 为 2 时异常检测的效果最好，故 $MinPts=2$；由图 8-8、图 8-9 中可知，当 $MinPts$ 为 2 时，各 Eps 对应的检测精度都为 99 以上，所以此时选取 Eps 的 CDI 值中最大的值进行再优化训练。

将 Eps 为 14.4282 的数据箱数据再进行参数自选取，输出得到更优的 Eps 列表，使其与 $MinPts=2$ 组合，再输入 DBSCAN 模型，输出此时各组合的 CDI 值与检测精度，如图 8-10 所示。

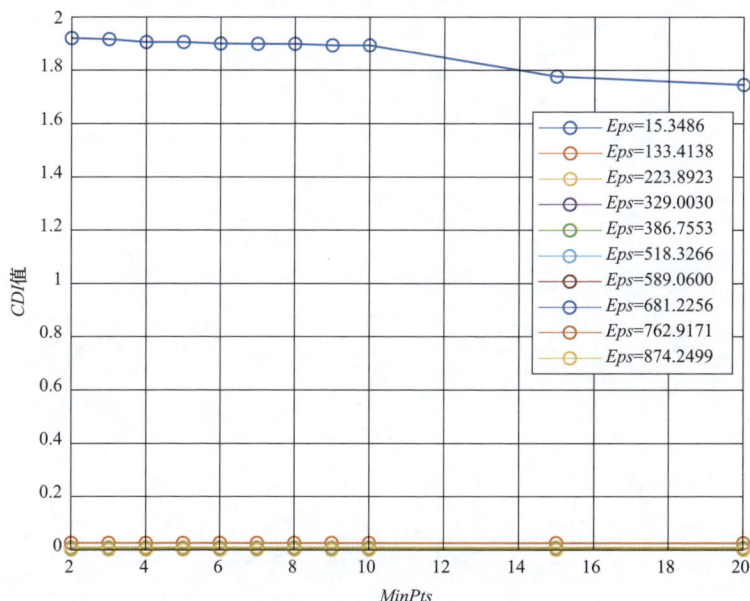

图 8-8　参数训练 CDI 对比的示意图

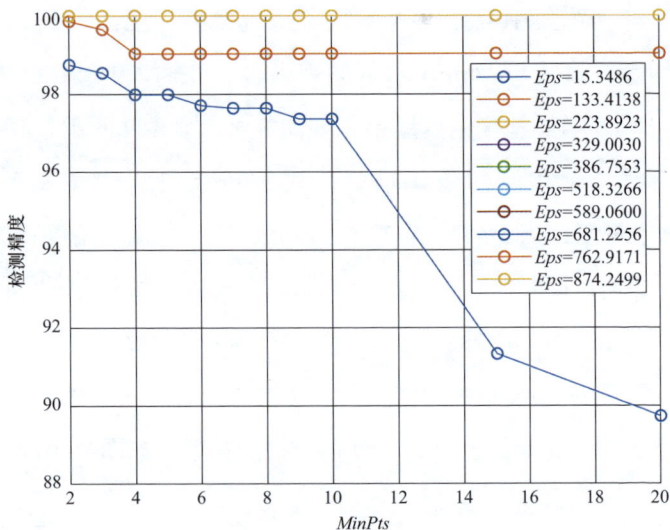

图 8-9　参数训练检测精度对比的示意图

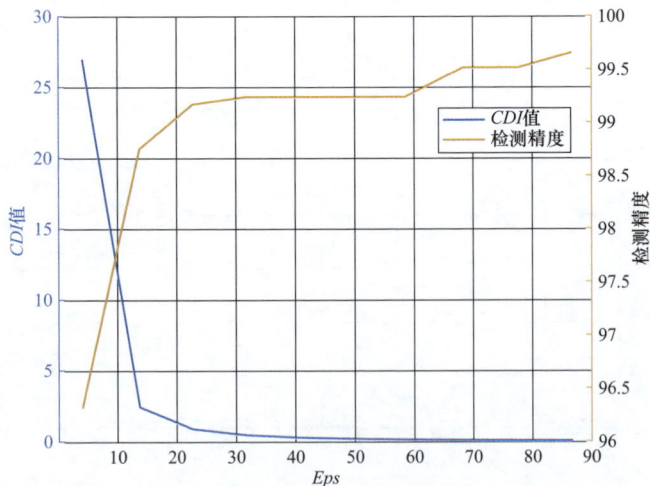

图 8-10　参数再优化 CDI 和检测精度对比的示意图

由图 8-10 可知，当 Eps 大于 13.3895 时，检测精度都为 98.5 以上并且相差不大，而此时 CDI 逐渐降低。故该参数自选取模型输出值为 $Eps = 13.3895$，$MinPts = 2$。为了更具象化展示参数自选取的 DBSCAN 模型的数据异常检测结果，输出其中一个测试集的检测分布示意图如图 8-11 所示。

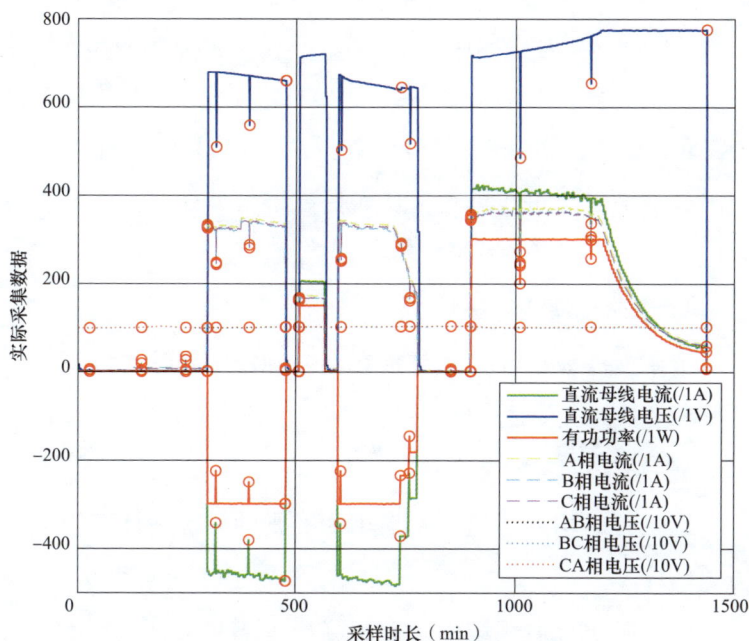

图 8-11　数据异常检测分布示意图

由图 8-11 可知，该测试集中的异常值均被检测出，证明参数自选取 DBSCAN 模型具有较好的准确率和鲁棒性，能够更好提高储能电站功率变换系统数据流异常检测率。

8.4　PCS 舱重要告警信号校验

8.4.1　输出信号处理方法

本节采取扩展卡尔曼滤波算法（简称 EKF）中，前提是状态噪声和观测噪声的统计特性已知且保持不变，但是在许多工程实际应用中并不能保证这一点，噪声可能具有非先验性且并非一成不变。针对以上问题，本节提出了基于神经网络修正 EKF 的 PCS 舱电气设备信号处理方法，利用 BP 神经网络对 EKF 的滤波结果进行修正，从而提高该信号处理方法的滤波精度。

1. 卡尔曼滤波算法

卡尔曼滤波最优估计是指在某一确定的估计准则下，按照某种统计意义使估计达到最优的算法。这就是说最优估计是针对某一准则而言的。

以估计的均方误差达到最小为准则的最优估计即为最小方差估计。

假设随机离散系统中，有观测量 $y = [y_1, y_2, \cdots, y_k]^{\mathrm{T}}$，为 k 维常值向量；状态量 $x = [x_1, x_2, \cdots, x_k]^{\mathrm{T}}$，为 n 维常值向量，且为 x 的线性组合。

观测量 y 和状态量 x 之间存在如下关系

$$y_1 = H_{11}x_1 + H_{12}x_2 + \cdots + H_{1n}x_n + v_1$$
$$y_2 = H_{21}x_1 + H_{22}x_2 + \cdots + H_{2n}x_n + v_2$$
$$\vdots$$
$$y_k = H_{k1}x_1 + H_{k2}x_2 + \cdots + H_{kn}x_n + v_k$$

（8-4）

写成矩阵形式即为

$$y = Hx + v$$

（8-5）

式中：矩阵 H 为观测矩阵，其参数由系统结构决定，对于线性系统，观测矩阵 H 为常值矩阵；v 为观测噪声，$v = [v_1, v_2, \cdots, v_k]^T$。

令 $\hat{x}$ 为状态量 x 基于量测量 y 的估计值，即 $\hat{x}$ 为 y 的函数。最小方差估计要求估计的均方误差最小，因此目标函数为

$$J(\hat{x}) = E\left[(x - \hat{x})^T(x - \hat{x})\right] = min$$

（8-6）

令准则函数 $J(\hat{x})$ 对估计值 $\hat{x}$ 求偏导，将偏导置零得到极值点，即为状态量的最小方差估计值。最小方差估计为无偏估计，满足 $E[\hat{x}] = x$，$E[x - \hat{x}] = 0$。

当最小方差估计 $\hat{x}$ 为观测量 y 的线性函数时，称之为状态量 x 的线性最小方差估计。线性最小方差估计满足无偏性的同时，还具有正交性，即

$$E(\tilde{x} \cdot y^T) = 0$$

（8-7）

式中：$\hat{x}$ 为估计值的误差，$\tilde{x} = x - \hat{x}$。

对于随机变量 $x \in R^m$，基于随机变量序列 $\{y(1), y(2), \cdots, y(k)\} \in R^m$ 的最小方差估计 $\hat{x}$ 可以记为

$$\hat{x} = proj\left[x \mid y(1), y(2), \cdots, y(k)\right]$$

（8-8）

也称 $\hat{x}$ 为 x 在线性流型 $L\big(y(1),y(2),\cdots,y(k)\big)$ 上的射影。

假设随机变量 $y(1),y(2),\cdots,y(k)\in R^m$ 存在二阶矩，则其新息序列（新息过程）定义为

$$\varepsilon(k)=y(k)-proj\Big[y(k)\big|y(1),y(2),\cdots,y(k-1)\Big] \quad （8-9）$$

其中，定义 $proj\Big[y(k)\big|y(1),y(2),\cdots,y(k-1)\Big]$ 为 $y(k)$ 的一个最优估计值，即

$$\hat{y}(k|k-1)=proj\Big[y(k)\big|y(1),y(2),\cdots,y(k-1)\Big] \quad （8-10）$$

则新息序列为

$$\varepsilon(k)=y(k)-\hat{y}(k|k-1),k=1,2,\cdots \quad （8-11）$$

式（8-11）中，定义 $\hat{y}(1|0)=E\big[y(1)\big]$。新息序列 $\varepsilon(k)$ 与随机序列 $y(1),y(2),\cdots,y(k)$ 不相关，即 $\varepsilon(k)\perp L\big(y(1),y(2),\cdots,y(k)\big)$，则射影与新息的几何意义如图 8-12 所示。

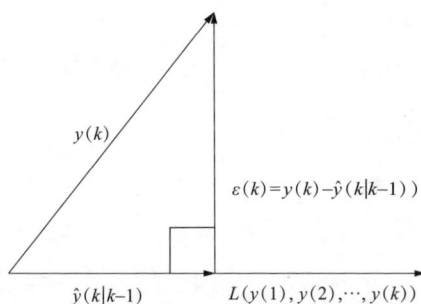

图 8-12 射影与新息的几何意义

由上述定义，有递推射影公式如下

$$proj\left[x\middle|y(1),y(2),\cdots,y(k)\right]=proj\left[x\middle|y(1),y(2),\cdots,y(k-1)\right]+$$
$$E\left[x\varepsilon^{\mathrm{T}}(k)\right]\left\{E\left[\varepsilon(k)\varepsilon^{\mathrm{T}}(k)\right]\right\}^{-1}\varepsilon(k)$$

$$（8-12）$$

2. BP 神经网络

BP（back-propagation）神经网络是指基于误差反向传播学习算法的多层前向神经网络。一个 BP 神经网络通常包含一个输入层、一个或多个隐含层和一个输出层。常见的具有一个隐含层的 BP 神经网络拓扑结构见图 8-13。

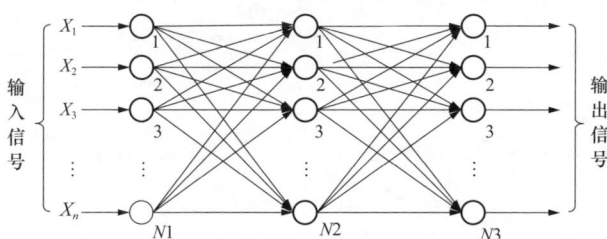

图 8-13　一个隐含层的 BP 神经网络拓扑结构示意图

其中，BP 神经元与其他神经元相似，不同点在于 BP 神经元的传输函数为非线性函数，常见的传输函数有 $logsig(x)$、$tansig(x)$。

BP 神经网络通过输入、输出样本集对网络进行训练，即通过样本集对网络的测值和权值进行修改，从而使网络实际输出逐渐接近给定输出，在输出误差小于给定误差时，即为训练完成。BP 神经网络的训练过程可以分为以下两个阶段：

第一个阶段是输入已知的训练样本。训练样本在输入网络后进行正向传播，按网络的结构先后经过输入层、隐含层和输出层，从而得到网络的实际输出。在这个过程中，网络中所有的权值和阈值均保持不变，且每一层神经元只影响下一层神经元。若在输出层中未得到期望输出，则进行下一阶段。

第二个阶段是根据训练样本对网络中的权值和阈值进行修改。神经网络的实际输出与期望输出之间的误差即为误差信号。该误差信号在网络中进行反向传播，先后经过输出层、隐含层、输入层。在误差信号反向传播的过程中，逐层计算各权值和值对网络总误差的影响，以此为依据对网络各权值和阈值进行修改。

BP 算法的输入是一个网络正确行为的样本集合

$$\{p_1, t_1\}, \{p_2, t_2\}, \cdots, \{p_q, t_q\} \tag{8-13}$$

式中：p_q 为第 q 个样本中网络的输入；t_q 为对应的期望输出。

网络输入一个训练样本后，将网络的实际输出与网络的期望输出进行比较。该算法将根据输入的训练样本调整网络的权值和阈值，以使网络的均方误差达到最小。

8.4.2　重要告警信号校验

智能告警专家系统采用人工智能的推理机技术。推理机针对当前问题的条件或已知信息，反复匹配知识库中的规则，获得新的结论，以得到问题求解结果。推理方式可以有正向和反向推理两种，正向推理从条件匹配到结论，反向推理则先假设一个结论成立，看它的条件有没有得到满足。推理机类似专家解决问题的思维方式，知识库通过推理机来实现其价值。另外，系统还具备较强的知识获取能力，通过知识获取，进一步扩充和修改知识库中的内容，实现自动学习功能。

智能告警专家系统中的推理包括两类：

（1）单事件推理。在告警事件发生后，可以根据每条告警信息作出推理，给出告警信息的描述、发生原因、处理措施以及图解。通过将自动化系统采集的每个告警信号与知识库中归纳的告警信号种类建立起关联关系，即定义好每个信号所属的告警信号种类，形成逐一事件推理判断关系。推理判断可以人工灵活干预，关联关系可以逐条定义，也可以通过快速定义软件批量实现，提高关联效率。

推理过程中，并不是简单的 IF 和 ELSE 专家系统推理判断，而是根据告警信号的类型、主次要性、所属单元间隔、与知识库的匹配情况等综合信息，经过匹配和判断后，给出一个推理结果。

（2）关联多事件推理。基于多个关联事件综合判断的判别逻辑。在 1 个"短时间"内，变电站某一间隔设备连续发生多个事故或告警信号，这些连续发生信号是 1 个存在关联的有机整体，称为 1 个"综合事件"。该综合事件必然是由某个事故或异常引起，综合事件推理逻辑要根据发生的"综合事件"推理出该间隔设备究竟发生了何种异常和事故，给出一个综合的判断和处理方案。

系统设定一个时间窗是考虑变电站现场信号经自动化系统传送到智能告警专家系统存在时间上的偏差，即现场同时发生的几个信号在智能告警专家系统中接收的时序上是存在一定偏差的，这个"时间窗"就是解决躲过自动化系统信息处理时间，但又不能太长，否则没有关联的信号也会被并入这一"综合事件"。一般可以整定为 3~10s，并可以根据现场时间运行情况灵活调整。

"综合事件"逻辑推理方法至少包括两种：一种是穷举法，即某种事件的组合推理出一个异常事件；另一种是模糊推理法，只要在某间隔设备上找到某个或多个事件，不管还有没有其他事件就推理出一个异常事件。

"穷举法"推理精确度高，能有效排除误遥信的影响，但适应性略差，因为变电站设备型号、构造繁多，告警信号不可能完全一致；"模糊推理法"推理精确度不如"穷举法"，但适应性很好，能应对不同型号、构造的设备，且推理精确度也足以满足现场运行的需要。因此，智能告警专家系统需具备综合利用两种方法根据现场实际情况灵活调整的能力。

由上述分类，针对 PCS 的告警信号大致可分类见表 8-1。

表 8-1 PCS 的告警信号分类

告警信号类型	发生时间	设备信息	变量名称	类型	描述
提示性信息	2022/5/13 14:35	PCS.1#PCS	运行状态	通知	告警解除，解除时间：…
提示性信号	2022/5/19 17:42	PCS.3#PCS	运行状态	通知	告警解除，解除时间：…线性流型
告警性信号	2022/5/13 14:53	PCS.1#PCS	U_{ab}	警报	请立即处理！
告警性信号	2022/5/19 09:11	PCS.2#PCS	有功功率	警报	请立即处理！
事故性信号	2022/5/19 10:35	PCS.2#PCS	告警或故障	警报	请立即处理！
事故性信号	2022/5/19 10:36	PCS.3#PCS	告警或故障	警报	请立即处理！

9

磷酸铁锂电池外部故障信号及模型试验

在极端条件下，电池内部会发生一系列化学副反应，同时产生大量特征气体，安全阀也会适时打开从而降低电池内部压力。外部故障信号主要包括温度、特征气体等，其中特征气体预警技术机理明确、可靠性高，具有广阔的应用前景。因此，研究高灵敏度的特征气体监测技术和高准确率的特征声音识别技术可以有效预警电池热失控。该技术不仅可以实现单传感器对多电池的非接触式状态感知，有利于构建适应储能舱环境的多层次空间域外部传感网络，还可以利用特征声音进行故障源的精准定位。

9.1　外部故障信号（气体）产生机理

故障时电池内部特征气体（如氢气、一氧化碳）含量的明显上升与电池内部无序的、加强的电化学反应相关。本节通过"搭建平台—对比结果—阐释机理"的步骤来探明特征气体产生机理。首先，介绍了电池产气原位探测平台，直观地表明氢气的产生与负极上金属锂的析出息息相关。然后，设计了多组电池故障条件下的特征气体监测实验，发现氢气、一氧化碳等特征气体的浓度变化和时间特征，基于特征气体的浓度变化建立电池热失控的预警模型。为特征气体作为锂离子电池早期安全预警的预警气体提供了坚实的理论支撑。

9.1.1　原位探测平台

气体原位探测平台如图 9-1 所示，平台主要包括原位观察系统和原位探测系统。原位观察系统由自制透明电池（或组装电池）、电池测试系统、光学显微镜和显示器组成。其中自制透明电池由正极、负极、电解液等组成，为形成对比实验，所设计电池正、负极采用多种材料组合，形成不同的锂离子电池体系。自制透明电池被封装在玻璃瓶内，正、负极片通过导线与电池测试系统连接，控制电池充电。光学显微镜与显示器通过必要的电气与信号通路连接。高纯氩气作为载气通入自制透明电池后，将电池产生的混合气体送入原位探测系统即气相色谱仪进行气体探测，同时通过光学显微镜实时在线观测电池负极表面是否有锂枝晶的生长和气泡的产生。

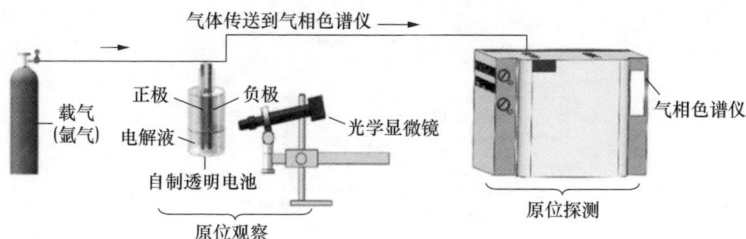

图9-1　气体原位探测平台

在锂离子电池组装完以后的最初几个循环中，石墨负极和电解液会发生副反应以形成 SEI 层。在含有常见无机盐（如六氟磷酸锂 $LiPF_6$）的 PC 基（碳酸丙烯酯）或 EC 基（碳酸乙烯酯）溶剂中，石墨电极电压低于 0.9V 时会发生电解液还原反应，并伴有析气现象，该过程也被称为电池化成。在化成期间由于 EC 和 PC 溶剂的还原会产生不同的气体，如 CH_4、C_2H_2、C_2H_4、C_3H_6、CO 和 CO_2。如果电解液含有水杂质，会产生 H_2，但水被迅速消耗后不再产生 H_2。因此，H_2 将在重新密封之前排出。为了进一步消除痕量水杂质，组装的电池已经进行了多次预循环（已经形成 SEI 层），同时用高纯度 Ar（氩气，99.999%）作为载气吹扫电池，直到检测不到气体信号。在这些措施之后，气体已经被完全清除，电池可用于气体探测实验。

基于所搭建的实验平台，气体探测实验方案如图 9-2 所示，具体描述如下：

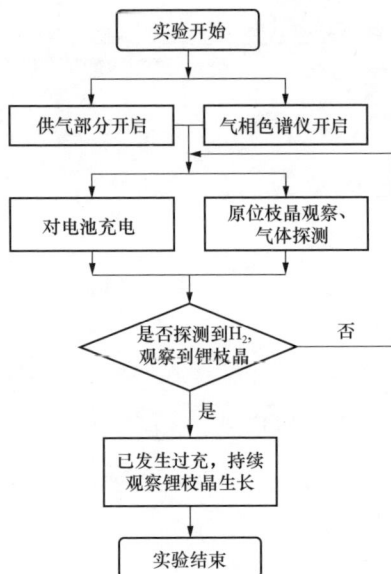

图 9-2　气体探测实验方案流程图

（1）打开单级减压阀（设定 0.05MPa）、气体流量控制器（设定 5mL/min）、气相色谱仪，在单级减压阀和气体流量控制器的共同作用下将高纯氩气吹入组装电池，将组装电池内部产生的气体经由通气软管送入气相色谱仪，进行连续检测。

（2）将光学显微镜对准组装锂离子电池两极片间隙，调整画面至清晰显示石墨负极表面形貌并开始录像，使用电池测试系统开始对组装锂离子电池进行恒流充电，充电电流设定为 3mA，截止电压可设定为 4.9V（最大量程 5V），保证电池能够进入过充状态，原位探测部分通过光学显微镜对石墨负极表面进行实时观测记录。

（3）组装电池过充产生的气体由高纯氩气吹入气相色谱仪进行在线分析，探测是否含有气体。若探测到气体产生，表明石墨负极已处于（局部）过充状态，此时通过光学显微镜可实时观测到锂枝晶生长和气泡；若未探测到气体产生，气相色谱仪分析程序进入下一个循环周期，电池测试系统继续对电池充电，使用光学显微镜对石墨负极继续进行实时观测。

9.1.2 气体探测实验

为探究过充条件下气体的来源是否与锂枝晶和黏结剂的反应有关，分别采用不同电极材料，设计开展五次恒流过充实验作为对比，充电电流均控制为 3mA。按组装电池负极材料是否含有黏结剂，将实验分为以下两组：

第一组是负极含有黏结剂的实验。选择广泛应用的聚偏氟乙烯黏结剂（PVDF）作为黏结剂。设置电池 A（磷酸铁锂 – 石墨电池）和电池 B（锂金属 – 石墨电池）。此外，实际储能用磷酸铁锂电池考虑到经济因素，还采用具有成本优势的丁苯橡胶 + 羧甲基纤维素（CMC+SBR）作为黏结剂。因此结合实际应用，另将石墨、炭黑、CMC+SBR 黏结剂按照商业石墨

负极常用比例 90 : 4 : 3 : 3 制作完成，形成电池 C（磷酸铁锂 –
石墨电池）。

第二组是负极不含黏结剂的实验。作为对比，组装电池
正极仍采用实验室自制磷酸铁锂极片，分别使用不含黏结剂的
铜和石墨（以铜箔为集流体）作为电池负极，形成电池 D（磷
酸铁锂 – 铜对电极电池）和电池 E（磷酸铁锂 – 石墨电池）。

1. 负极含有黏结剂

为了找到氢气产生与电池内部之间的内在联系，自制了
两种负极均含有 PVDF 的电池，分别是磷酸铁锂 – 石墨和锂金
属 – 石墨电池，以排除磷酸铁锂正极的影响。两种石墨正极
都含有 PVDF 和炭黑，用真空干燥箱进行了预干燥，石墨、炭
黑、聚偏氟乙烯的质量比为 8 : 1 : 1。两个电极之间的距离约
为 5mm。正负的活性面积约为 $3cm^2$。石墨阳极的理论面积容
量为 $1mAh/cm^2$，且充电电流密度为 $1mA/cm^2$（相当于 1C 的充
电倍率）。

充电期间（0~3600s）组装电池的电压变化趋势如图 9-3
（a）所示。气相色谱仪探测结果如图 9-3（b）所示，分别在
683s 和 472s 后探测到组装电池 A、B 有氢气产生。以开始充
电（0% SOC）为时间起点，对于电池 A（磷酸铁锂 – 石墨电
池），在 683s 时探测到混合气体中有氢气产生后，通过光学
显微镜观察到锂枝晶的出现和氢气泡的产生［见图 9-4（a）］，
此时电池电压约为 3.6V。由于电池过电位相对较高且电极边

缘的电流密度更集中，石墨负极边缘更容易得到来自正极的
锂离子而首先饱和，锂枝晶持续生长至 3600s 时，电池电压
约为 3.87V。对于电池 B（锂金属 – 石墨电池），在 472s 探测
到氢气信号后，观察到锂枝晶生长和氢气泡的产生 [见图 9–4
（a）]，此时电池电压为光学显微镜 0.41V，锂枝晶持续生长至
3600s 时，电池电压约为 0.48V。另外，在锂枝晶生长过程中
没有检测到一氧化碳信号。由于显微镜的分辨率限制，初始锂

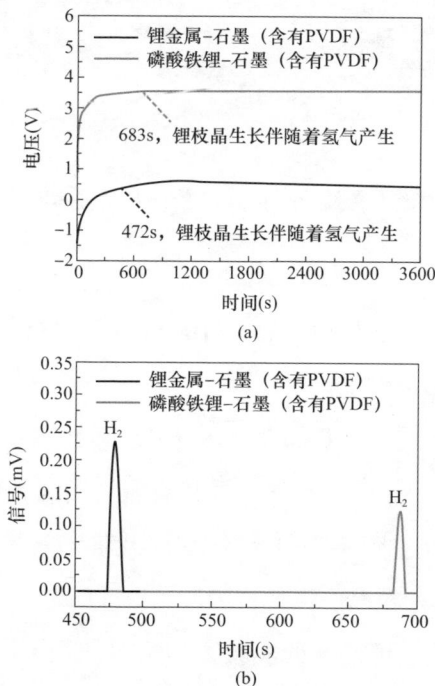

图 9-3　组装有黏结剂锂离子电池

（a）时间 – 电压曲线；（b）气相色谱仪氢气信号曲线

枝晶可以小于 1mm，并且形成得比 683s 早得多。

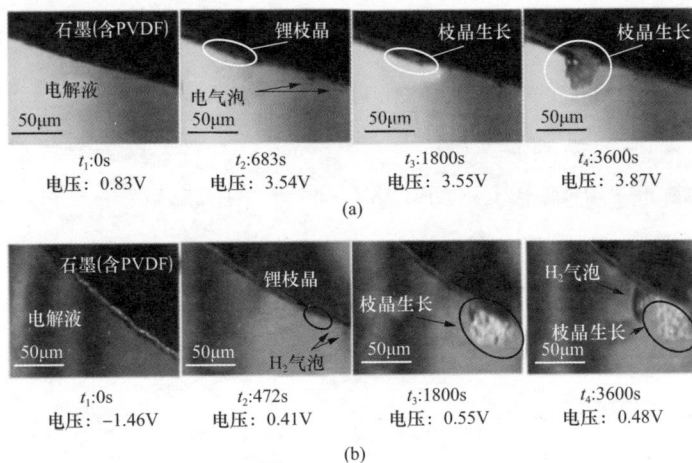

图 9-4 充电过程中有黏结剂 PVDF 的石墨负极表面的显微光学图像

（a）电池 A：磷酸铁锂 - 石墨电池；（b）电池 B：锂金属 - 石墨电池

图 9-4 给出了两种含有 PVDF 黏结剂的石墨负极电池在不同时间和电压下的光学图像，另一侧电极材料分别为磷酸铁锂和锂金属。图 9-4（a）中，从 683s 到 3600s，锂枝晶从出现到一直生长到微米级大小，并伴有氢气气泡。和磷酸铁锂 - 石墨电池一样，图 9-4（b）中的石墨在 472s 左右产生锂枝晶，而且随着锂枝晶的生长，锂枝晶根部产生氢气气体。

接下来，基于同样的实验方法又对使用不同黏结剂的电池 C（磷酸铁锂 - 石墨电池，负极含 CMC+SBR 黏结剂）进行了过充实验，如图 9-5 所示，同样观察到锂枝晶生长现象及检测到氢气。充电过程从 0s 时的 0% 荷电状态开始，在约 437s 时观察到锂枝晶的出现和氢气泡的产生，此时电池电压约为 3.49V，气相色谱仪于 437s 后探测到氢气信号。另外，石墨负

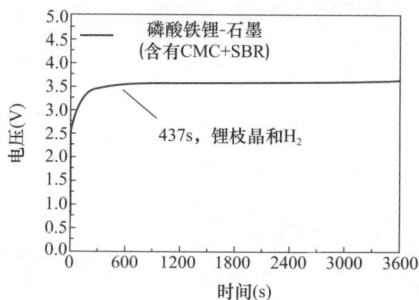

(a)

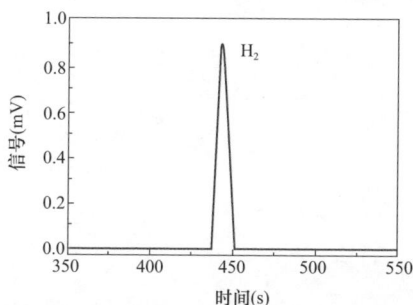

(b)

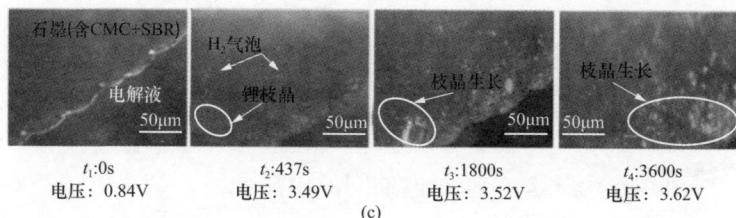

(c)

图 9-5　充电过程中含黏结剂 CMC+SBR 的磷酸铁锂－石墨电池

（a）电压曲线；（b）氢气信号曲线；（c）负极表面的显微光学图像

极上的活性材料随着锂枝晶的生长和氢气气体的产生而不断分裂，这是因为丁苯橡胶和羧甲基纤维素黏结剂逐渐被锂金属消耗掉。电池 C 的锂枝晶生长开始时间比电池 A（磷酸铁锂 - 石墨电池，负极含有 PVDF）早，这可能是由于 CMC+SBR 与锂金属的反应动力学高于与 PVDF 的。

负极含有黏结剂的实验结果表明：①对于含有 PVDF 黏结剂电池 A 和电池 B，尽管正极的不同导致组装电池具有不同的电压，但电池过充条件下均能够检测到氢气及探测到锂枝晶的生长；②在电池 C 中，由于 CMC+SBR 黏结剂的存在，也可以在观察到锂枝晶出现后检测到氢气产生；③室温下，无论是在过充电还是正常充电的条件，在有聚合物黏结剂存在的情况下，一旦锂枝晶开始生长，氢气就会立即产生，且从实时图像中观察可知氢气多从锂枝晶根部冒出，易在枝晶附近聚集形成气泡。

2. 负极不含有黏结剂

作为对照实验，研究去除黏结剂对实验结果的影响，对电池 D（磷酸铁锂 - 铜对电极电池），以及电池 E（磷酸铁锂 - 石墨电池）进行了过充实验。两个电池中的石墨和铜箔负极都不含聚合物黏结剂。

图 9-6（a）是电池充电期间的电压曲线，两个电池在 0s 时均为 0% SOC。对于磷酸铁锂 - 石墨电池，在 1080s 时观察到锂枝晶生长，而电池电压约为 3.62V。由于原位观察的选定

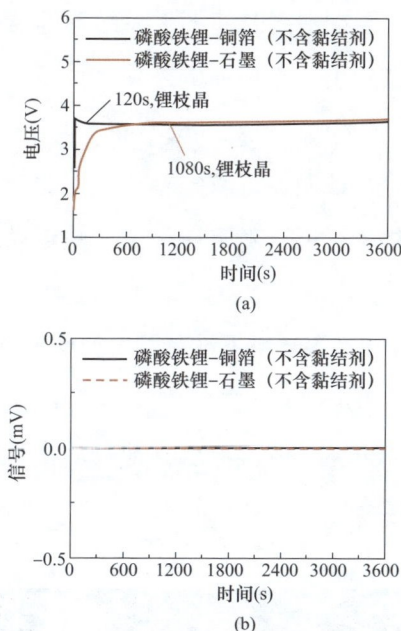

图 9-6　组装无黏结剂锂离子电池

（a）时间 – 电压曲线；（b）气相色谱仪氢气信号曲线

区域不同，时间间隔高于具有聚合物黏结剂的磷酸铁锂 – 石墨电池（在图 9–3 中为 683s）。而对于磷酸铁锂 – 铜对电极电池，锂离子会直接镀在铜箔表面形成金属锂。然而，由于光学显微镜的观察限制，锂枝晶生长到直径约为 30μm 时被观察到，此时电池电压约为 3.54V。图 9–6（b）是电池运行期间氢气的信号曲线，对于磷酸铁锂 – 石墨和磷酸铁锂 – 铜对电极电池，从 0~3600s 气相色谱仪没有检测到氢气气体信号，这意味着没有氢气释放。

图 9-7 给出了在不同时间下无黏结剂的负极表面的显微光学图像。可以看出，不添加电极黏结剂后，随着充电的加深，在电压增加的同时，锂枝晶会不断产生并持续生长。但是并没有气泡产生，证明没有氢气释放。对比含有聚合物黏结剂的电池 A、B、C，可以确定这是由于缺乏黏结剂导致氢气没有产生。同时，没有气泡也说明电解液（EC、DMC、EMC）在上述电池电压和室温环境下没有发生副反应产气，仍保持其化学稳定性。结果证明：氢气气泡来自锂金属 – 黏结剂反应，并且 EC、DMC 和 EMC 电解液或其他物质不参与氢气的产生反应。

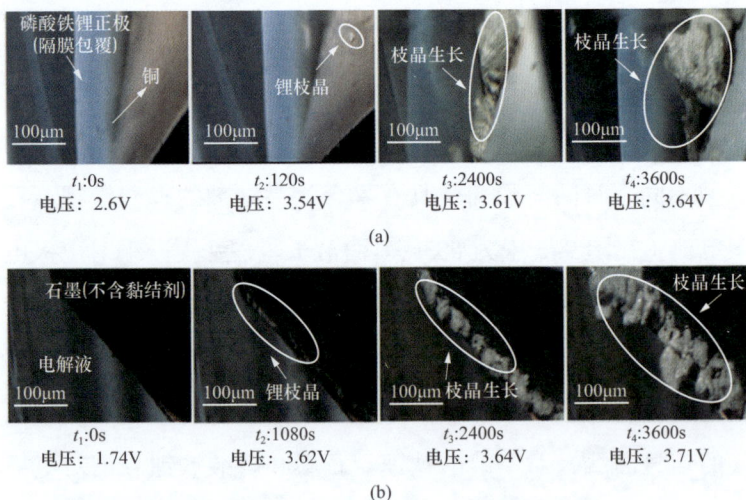

图 9-7 充电过程中无黏结剂的负极表面的显微光学图像

（a）磷酸铁锂 – 铜对电极电池；（b）磷酸铁锂 – 石墨

9.2 磷酸铁锂电池滥用时气体浓度变化实验

前文通过搭建电池产气原位探测平台，实现了锂枝晶的原位探测，利用组装电池验证了氢气的产生于锂枝晶和电池黏结剂（PVDF 或 CMC+SBR）的反应，并阐明了一氧化碳气体的产生机理。为验证特征探测对于实际储能用磷酸铁锂电池的有效性，下面分别对比研究了电滥用和热滥用条件下不同特征气体的浓度变化情况，为储能舱气体预警技术提供理论和实验数据支撑。

9.2.1 电滥用时不同特征气体对比实验

1. 试验平台

为了对比分析不同气体探测器对磷酸铁锂电池储能舱安全预警有效性，利用 6m × 2.2m × 2.6m 的储能实验舱搭建电池热失控与探测器预警实验平台。同时将 H_2、CO、VOC、可燃气探测器和感烟感温探测器布置在储能舱顶部中轴线的中心，实时监控电池产气情况并进行储能舱安全预警。试验环境如图 9-8 所示。

电池簇排列在储能舱两边，两列电池簇呈面对称，每列长约 3.65m、宽约 0.62m、高约 1.8m。试验对象为方形磷酸铁锂电池，该电池额定电压为 3.2V，共有两种容量：13Ah 和

图9-8　储能舱安全预警试验环境

50Ah。试验时，将电池竖直固定在模组中，模组内其余空间用密闭的铝壳填满，将该模组放置在图9-8左下角位置。利用电压测量装置和热电偶实时采集端电压信息和电池表面中点处的温度信息，并记录在数据记录仪上。

此外，储能舱内还布置可见光摄像头、红外摄像头两种辅助预警装置。红外摄像头一个，布置在储能舱顶部的角落处；可见光摄像头有两个，布置在储能舱顶部中轴线的两侧，如图9-9所示。试验过程中可以实时获取舱内的图像信息。

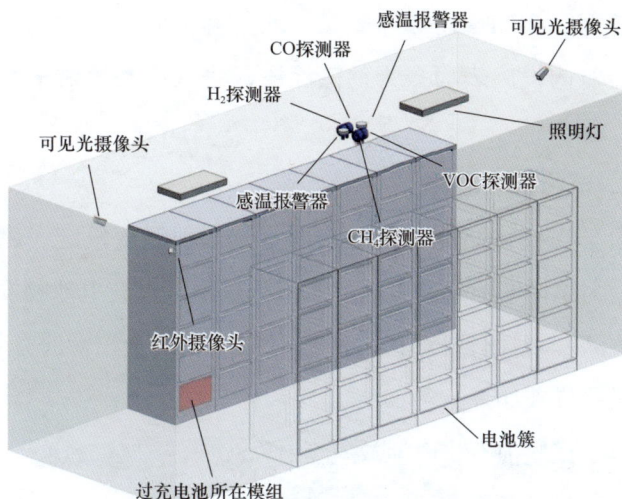

图 9-9　舱内设备布置示意图

　　试验所用 H_2 和 CO 探测器使用的是电化学式传感器，测量范围为 0~1000mg/L，分辨率为 1mg/L，误差小于 ±3%FS；VOC 探测器使用光致电离型传感器，主要用于检测汽化电解液及副反应产生的不饱和烃类化合物，量程为 0~100mg/L，分辨率为 mg/L，误差小于 ±3%FS；可燃气探测器使用催化燃烧式传感器，主要检测可燃气体（除乙炔以外），量程为 0~100%LEL（可燃气体的爆炸下限），即 0~50000mg/L，误差小于 ±3%LEL，即 ±1500mg/L；感烟探测器为光电式，执行 GB 20517—2006《独立式感烟火灾探测报警器》标准；感温探测器执行 GB 4716—2005《点型感温火灾探测器》标准，报警的温度下限为 54℃。可见光摄像头的分辨率为 1920×1080，录制帧率为 25FPS；红外摄像头的分辨率为 640×480，考虑到储能舱内设施表面多为油漆涂刷，将摄像头辐射率设置为 0.92。

2. 试验方案

由于规模化储能舱的地点固定，内部温度恒定，热失控事故常为单体电池过充引起。本节采用恒流过充电池触发热失控的方式，对比分析不同探测器对储能舱安全预警的有效性。具体试验步骤如下：

（1）试验前，将电池放电至 0% SOC；

（2）打开各个装置，检查其功能是否正常，并校准所有装置的时间；

（3）关闭舱门并做好密封，采用充放电测试仪以 1C 的充电电流对电池进行恒流充电，充电截止电压设为 60V；

（4）试验期间，通过各设备记录图像、电池端电压、表面温度、释放的气体浓度和感烟、感温探测器的报警时间等数据；

（5）试验人员实时关注可见光图像和充放电测试仪测得电压，电池完全内短路后停止充电。

3. 不同探测器探测试验结果

计开始充电的时间为 $t=0$s，试验过程中电池电压、表面温度与时间的关系曲线如图 9-10 所示。

根据电压和温度曲线，将电池分为四个阶段：

$A\sim B$（0~3600s）：这一阶段电池在正常充电，电池具有

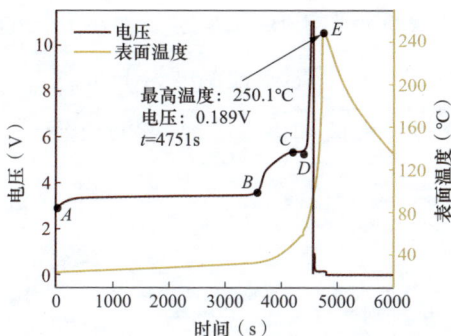

图 9-10　电池过充过程中的电压温度曲线

3.4V 左右的电压平台，电池表面温度从 23.4℃ 升至 32.9℃，电压温度均处于正常状态；

$B\sim C$（3600~4327s）：在这一阶段，电池开始过充，电压从 3.81V 升至 5.36V，电压上升是由于负极过渡嵌锂以及锂枝晶的析出导致的，电池表面温度从 32.9℃ 升高至 51.8℃，电池开始发生副反应并释放热量；

$C\sim D$（4327~4370s）：这一阶段，电池电压略微下降，这可能是由于电解质与电极界面锂相关副反应消耗了锂，以及阴极活性材料结构发生了变化导致的，电池表面温度从 51.8℃ 升至 58.5℃，电池升温加剧；

$D\sim E$（4370~4752s）：这一阶段，电池电压首先迅速上升，随后迅速下降至接近 0V，电池安全阀于 4451s 打开，电池温度迅速上升至最高点 250.1℃，随后开始下降，说明电池在这一阶段内发生热失控。

若将温度增长率大于 0.5℃/s 定义为热失控的话，电池在 $t=4620s$ 发生热失控，此时电池温度为 116.4℃。

特征气体浓度曲线和感烟感温探测器报警情况如图 9-11 所示。

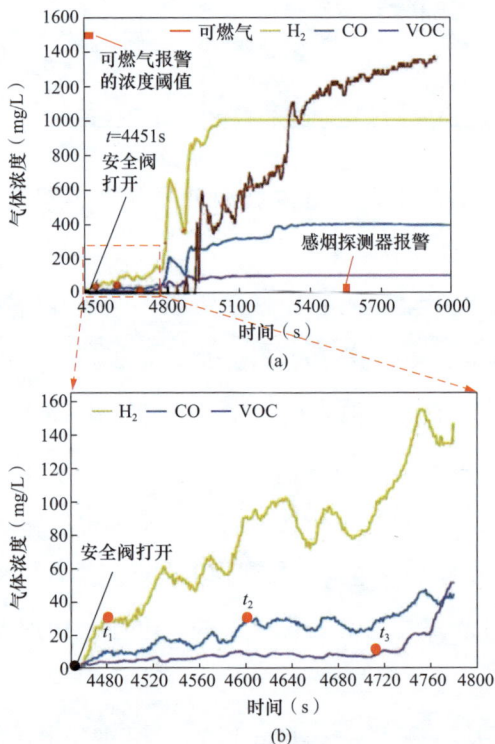

图 9-11　电池安全阀打开后不同探测器探测的气体浓度曲线

（a）不同气体浓度曲线；（b）局部放大图（4450~4780s）

在安全阀打开前，各气体探测器均没有检测到特征气体的产生，安全阀打开后（4451s），大约过了 15s，H_2、CO、VOC 探测器的浓度均开始不同程度的上升，此时电池状态处于 D~E 阶段，电池表面温度为 71.9℃，温升速率为 0.13℃/s，电池未完全热失控，且表面温度较低，热失控并不会扩散至周边电池；由图 9–11 可知，H_2 浓度上升最快，其次是 CO，VOC 气体浓度较低；4870s 后，可燃气探测器检测的浓度开始上升，其浓度要低于 H_2、CO、VOC 等可燃气浓度之和，主要是由于可燃气探测器误差为 ±1500mg/L，在低浓度区间（浓度在 1000mg/L 左右），相对误差高达 2 倍，不能准确反映实际可燃气的浓度。

考虑不同气体探测器的误差，将 H_2、CO 探测器报警阈值设为 30mg/L，VOC 探测器报警阈值设为 10mg/L，可燃气探测器报警阈值设为 1500mg/L。则不同预警装置的报警时间为：$t_1=4488s$（H_2），$t_2=4608s$（CO），$t_3=4714s$（VOC）；可燃气全程未报警，感烟探测器在 5551s 报警，感温探测器未报警。

可见光图像如图 9–12 所示。

由可见光可知，当 H_2 探测器探测的浓度大于 30mg/L 时，舱内图像还是正常的；大约在安全阀打开 3min 后，舱内看到大量白烟的产生，且起初沉积在储能舱底部，此时电池表面温度为 141.3℃，温升速率为 0.78℃/s；4687s 时，白烟几乎铺满了储能舱底部，随后释放的白烟开始上升；直至 4915s，白烟充斥在储能舱内，此时电池温度为 223.4℃，电池表面温度

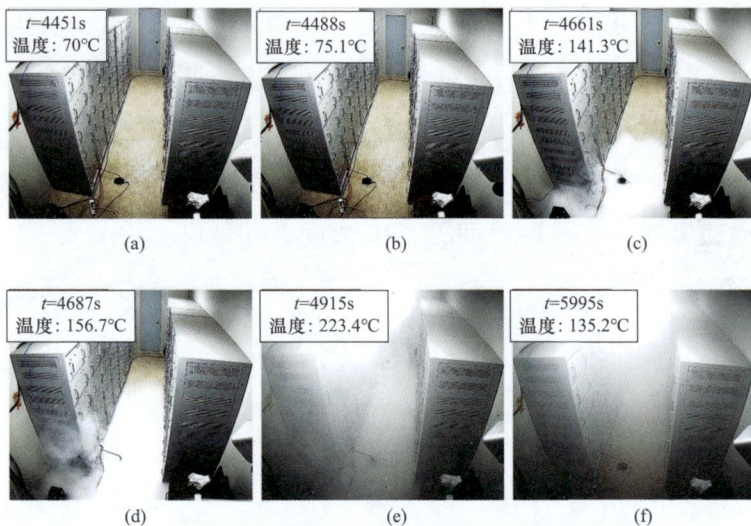

图 9-12　安全阀打开后不同时刻的可见光图像

（a）安全阀打开；（b）H_2 探测器 > 30mg/L；（c）白烟沉积在底部；
（d）产生的白烟开始上升；（e）白烟充斥在储能舱；（f）静置 18min 后的舱内状态

缓慢下降，电池热失控基本结束。

过充电池所在模组附近的红外摄像头图像如图 9-13 所示。

由图 9-13 可看出，4661s 后，过充电池所在模组的温度有较明显的变化，高温区域主要集中在模组壳体的顶部，主要是由电池喷出的高温气体导致模组顶部变热。4661~4713s 可以看到释放出来的高温气体。然而，整个试验过程中红外摄像头所记录的最高温度也仅为 41.8℃，这可能跟过充电池放在模组正中间有关；此外，可见光视频在 4661s 时可以明显看到大量白烟，而红外视频最高温度仅 37.1℃，可以看到释放白烟的现象，

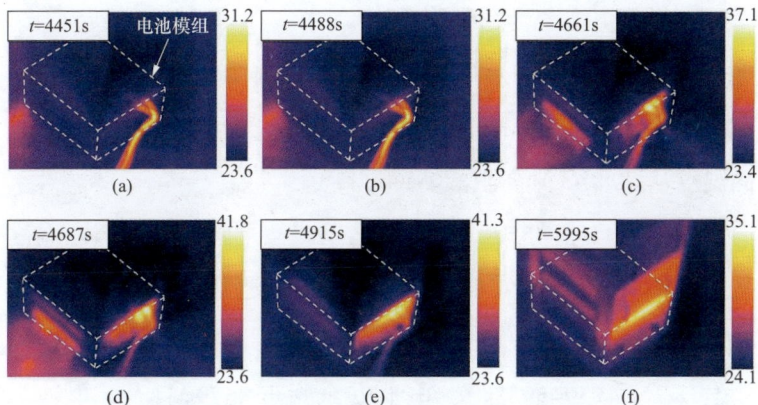

图 9-13　安全阀打开后不同时刻的红外图像

（a）安全阀打开；（b）H_2 探测器＞30mg/L；（c）白烟沉积在底部；
（d）产生的白烟开始上升；（e）白烟充斥在储能舱；（f）静置 18min 后的舱内状态

但特征不够明显。因此，可见光摄像头更适合进行辅助预警。

13Ah 电池过充电过程中电压、温度曲线如图 9-14 所示。

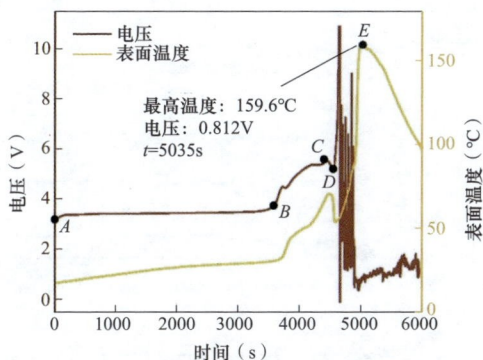

图 9-14　电池过充过程中的电压、温度曲线

同样将电池分为四个阶段：

$A{\sim}B$（0~3600s）：电池表面温度从 16.7℃ 升至 29.8℃；

$B{\sim}C$（3600~4453s）：电压从 3.69V 升至 5.49V，电池表面温度从 29.8℃ 升高至 68.5℃；

$C{\sim}D$（4453~4559s）：电池电压略微下降，电池表面温度从 68.5℃ 下降到 64.4℃，推测可能是电池鼓包后，热电偶粘贴不牢固导致；

$D{\sim}E$（4559~5033s）：电池安全阀于 4579s 打开，电池电压剧烈波动，电池温度迅速上升至最高点 159.6℃。

将温度增长率大于 0.5℃/s 定义为热失控时，电池在 $t=4910$s 发生热失控，此时电池温度为 90.8℃。

气体浓度曲线如图 9-15 所示。

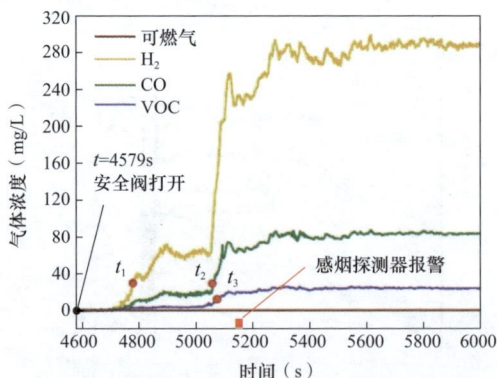

图 9-15　电池安全阀打开后不同探测器探测的气体浓度曲线

在电池热失控全过程中，可燃气探测器没有探测到相应气体；安全阀打开后（4579s），大约过了160s，H_2、CO、VOC 探测器先后检测到相应气体，其检测到相应气体的时间比 50Ah 电池试验的靠后，此时电池表面温度为 62.6℃，温升速率为 0.1℃/s，未完全热失控。

同样地，若将 H_2、CO 探测器报警阈值设为 30mg/L，VOC 探测器报警阈值设为 10mg/L，则不同装置报警时间：t_1=4788s（H_2），t_2=5064s（CO），t_3=5067s（VOC）；感烟探测器在 5176s 报警，感温探测器未报警。

可见光摄像头图像如图 9-16 所示。

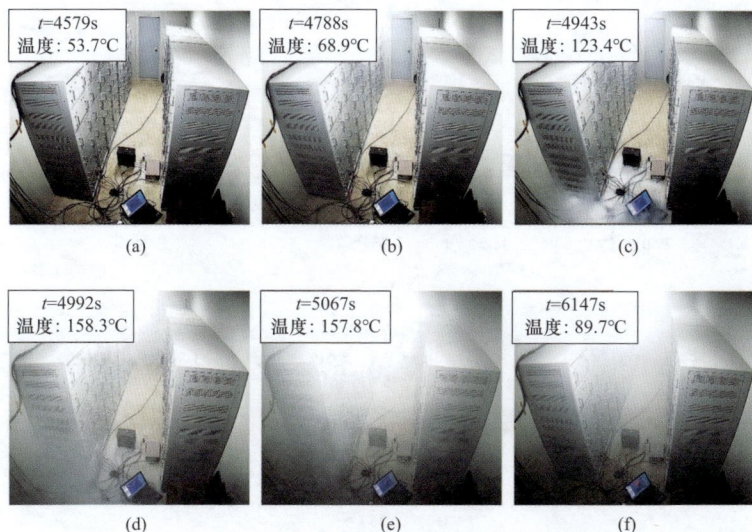

图 9-16　安全阀打开后不同时刻的可见光摄像头图像

（a）安全阀打开；（b）H_2 探测器＞30mg/L；（c）白烟沉积在底部；
（d）产生的白烟开始上升；（e）白烟充斥在储能舱；（f）静置 18min 后的舱内状态

由可见光可知，H$_2$ 探测器浓度示数大于 30mg/L 时，舱内依然无明显白烟；安全阀打开后大约 6min，电池舱内会明显看到白烟的产生，此时电池表面温度为 123.4℃，温升速率为 1.72℃/s。与 50Ah 电池一样，13Ah 电池产出的白烟起初沉积在舱底，随后开始上升，但 13Ah 电池产烟量明显比 50Ah 电池少得多。两种容量的电池产烟都非常迅速，从开始出现白烟到充斥储能舱不超过 5min。

4. 不同装置对储能舱安全预警有效性分析

由 50Ah 和 13Ah 电池试验结果，将具有代表性时间点汇总得到图 9-17。

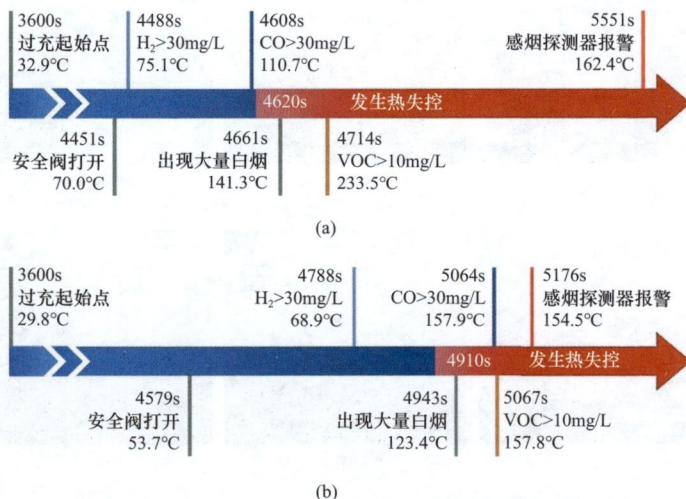

图 9-17　储能舱内锂离子电池热失控全过程时间轴

（a）50Ah 电池过充全过程；（b）13Ah 电池过充全过程

由图 9-17 可直观对比不同容量电池过充后不同预警装置报警的先后顺序。其中感烟探测器在产烟量更大的 50Ah 电池过充试验中，报警时间反而比 13Ah 的滞后，说明烟感在储能舱电池热失控预警中的一致性较差，难以保证可靠的预警；此外烟感报警时电池表面温度已经达到峰值，电池已经完全热失控，若模组内都为真实电池的话，会存在热失控蔓延风险；烟感报警时间总是滞后于 H_2、CO 探测器，其原因之一是 H_2、CO 的分子体积小，更容易扩散至顶部，而烟雾颗粒相对较大，产生的白烟起初沉积在储能舱底部，扩散的时间相对更长，因此若将烟感安装在储能舱底部或者顶部和底部相结合的方式，有望提前烟感的报警时间。在 13Ah 电池过充试验中，可燃气探测器未检测到相应气体，这主要是由于 H_2、CO、VOC 等可燃气含量太少（总和约 400mg/L），而可燃气探测器检测范围是 0~50000mg/L，几乎无法分辨出来；50Ah 电池过充试验中，可燃气探测器浓度小于 1500mg/L（探测器误差为 ±1500mg/L），因此不在考虑范围内。对比 H_2、CO、VOC 三种气体，设置合适的报警阈值后（H_2、CO 为 30mg/L，VOC 为 10mg/L），通常为 H_2 探测器最先报警，其次是 CO，最后是 VOC。其中，H_2 在三种气体中变化特征明显，此外大气中不含 H_2，预警可靠性高，更适合作为储能舱内电池热失控的预警气体。

为了防止预警装置误判（如气体传感器零点漂移和温度漂移导致探测精度下降），储能舱通常会利用多个装置联合研判，从而进行舱内电池事故的预警。根据图 9-11 可以选择 H_2 和 CO 探测器联合判断或多个 H_2 探测器联合判断的方式，即 H_2 和 CO 探测器所测浓度或多个氢气探测器所测浓度同时超过 30mg/L，此时电池即将热失控或处于热失控初级阶段，应当立即切断过充电池所在电池簇，并采取强力散热措施，从而防止电池进一步恶化或热失控的蔓延；利用可见光摄像头监控的产烟特征可以进一步确认舱内电池是否热失控。若感烟探测器报警时，说明白烟已经充斥在储能舱，电池已经完全热失控，有热失控蔓延的风险，此外白烟易燃，可能会发生燃烧甚至爆炸事故，应做好防爆措施，如打开强排风扇进行通风，避免舱内断路器跳闸合闸防止拉出电弧。

9.2.2 热滥用时不同特征气体对比实验

1. 试验平台

为了对比分析不同气体探测器对磷酸铁锂电池储能舱安全预警有效性，利用 $6m \times 2.2m \times 2.6m$ 的储能实验舱搭建电池热失控与探测器预警实验平台。同时将 H_2、CO、VOC 探测器在储能舱顶部中轴线处，另外在电池附近布置一个 H_2 探测器，用于实时监控电池产气情况。试验环境如图 9-18 所示。

储能舱内部的电池簇排列与电缆用时一致，将 0 号传感器布置在实验电池附近，将 1、2、3 号传感器分别布置在储能舱顶部中轴线的三等分点处。

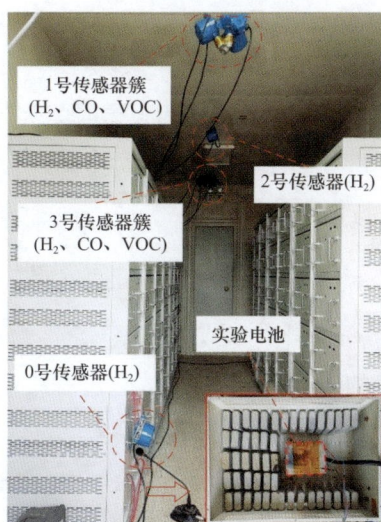

图 9-18 储能舱安全预警试验环境

2. 试验方案

由于规模化储能舱的地点固定，内部温度恒定，热失控事故常为单体电池过充引起。采用恒流过充电池触发热失控的方式，对比分析不同探测器对储能舱安全预警的有效性。具体试验步骤如下：

（1）试验前，将电池充电至 100% SOC；

（2）打开各个装置，检查其功能是否正常，并校准所有装置的时间；

（3）关闭舱门并做好密封，采用加热台对锂离子电池进行加热，温升速率为 0.25℃/s，加热台的最高温度设置为

300℃；

（4）试验期间，通过各设备记录图像、电池端电压、表面温度、释放的气体浓度和感烟的报警时间等数据；

（5）试验人员实时关注可见光图像和充放电测试仪测得电压，电池完全热失控后（不再产烟，电压降至0V），将加热台断电，静置15min，再打开舱门停止各个数据记录设备。

3. 不同探测器探测试验结果

计开始充电的时间为 $t=0s$，试验过程中电池电压、表面温度与时间的关系曲线如图9-19所示。

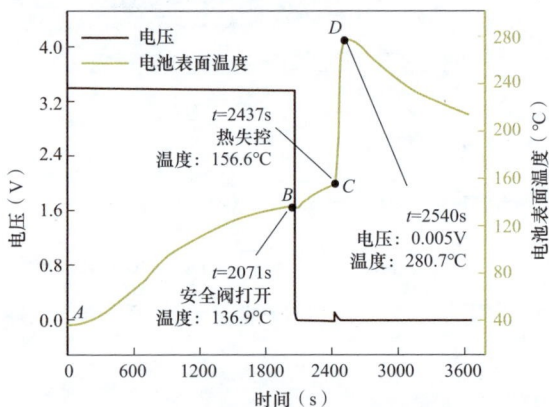

图9-19　电池过充过程中的电压温度曲线

根据电压和温度曲线，将电池分为三个阶段：

$A{\sim}B$（0~2071s）：这一阶段电池内部温度逐步升高，电池电压较稳定，电池内部发生副反应并产生气体，但副反应还未处于"失控"状态,电池表面温度从 36℃ 升至 136.9℃。

B~C(2071~2437s):在这一阶段,电池安全阀打开,电池开始迅速排出高温气体,因此,电池表面温度短暂下降;电压从 3.4V 骤降至 0V,说明此时电池内部发生短路,电池表面温度上升速率加快,这主要是因为短路产生大量焦耳热,表面温度从 136.9℃ 升高至 156.6℃。

C~D(2437~2540s):这一阶段,电池发生热失控,电池表面温度近似直线上升,表面温度从 156.6℃ 升至 280.7℃,电池内部发生剧烈的副反应。

若将温度增长率大于 0.5℃/s 定义为热失控的话,电池在 *t*=2437s 发生热失控,此时电池温度为 156.6℃。相较于电滥用,热滥用的热失控触发温度更高。

特征气体浓度曲线和感烟感温探测器报警情况如图 9-20 所示。

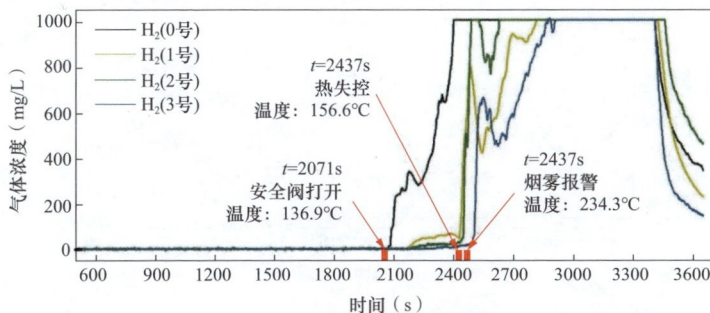

图 9-20 **电池安全阀打开后不同探测器探测的气体浓度曲线**

在安全阀打开前，各气体探测器均没有检测到特征气体的产生，安全阀打开后（2071s），大约过了88s，储能舱顶部 H_2、CO、VOC 探测器的浓度均开始不同程度的上升，此时电池状态处于 B~C 阶段，电池表面温度为 140.0℃，温升速率为 0.06℃/s，电池未完全热失控，且表面温度较低，热失控并不会扩散至周边电池；由图 9-21 可知，H_2 浓度上升最快，其次是 CO、VOC 气体浓度较低。

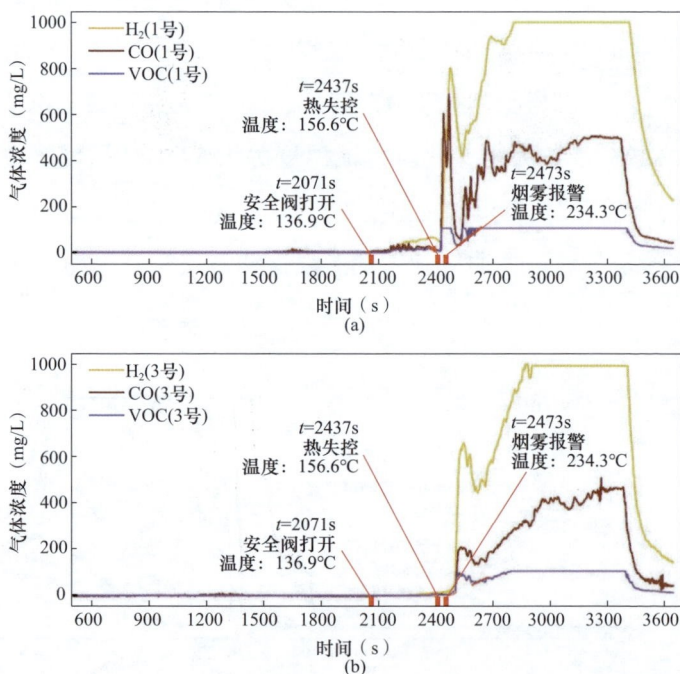

图 9-21　电池安全阀打开后不同探测器探测的气体浓度曲线

（a）1 号传感器；（b）3 号传感器

考虑不同气体探测器的误差，将 H_2、CO 探测器报警阈值设为 30mg/L，VOC 探测器报警阈值设为 10mg/L。则不同预警装置的报警时间为：$t_1 = 2208s$（H_2，1 号）；$t_2 = 2208s$（CO，1 号）；$t_3 = 2199s$（VOC，1 号）；感烟探测器在 2473s 报警，此时已经发生热失控。

可见光图像如图 9-22 所示。

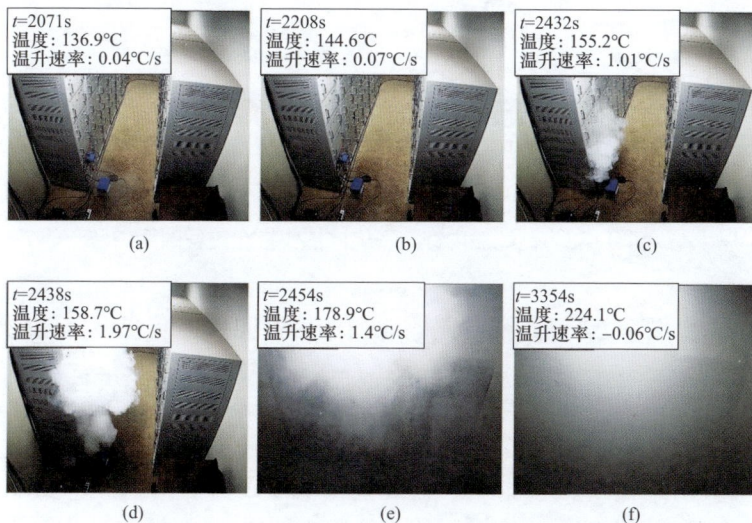

図 9-22　安全阀打开后不同时刻的可见光图像

（a）安全阀打开；（b）H_2 探测器 > 30mg/L；（c）出现大量白烟；
（d）产生的白烟开始上升；（e）白烟充斥在储能舱；（f）静置 15min 后的舱内状态

由可见光可知，当储能舱顶部 H_2 探测器探测的浓度大于 30mg/L 时，舱内图像还是正常的；大约在安全阀打开 6min 后，舱内看到大量白烟的产生，且起初白烟趋于上升，此时电池表面温度为 155.2℃，温升速率为 1.01℃/s；至 2454s，白烟充斥在储能舱内，此时电池温度 178.9℃，电池表面温度还处于上升趋势，且电池还在持续释放白烟，热失控还未结束。

4. 不同装置对储能舱安全预警有效性分析

由 50Ah 电池试验结果，将具有代表性时间点汇总得到图 9-23。

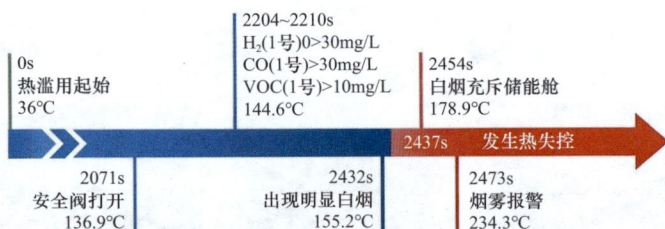

图 9-23　储能舱内锂离子电池热失控全过程时间轴

由图 9-23 可直观对比电池加热后不同预警装置报警的先后顺序。其中感烟探测器报警时间最晚，滞后于热失控 36s，说明烟感在储能舱中不适合用于电池热失控预警，这与电滥用实验的结论一致。此外烟感报警时电池表面温度已经达到峰值，电池已经完全热失控，若模组内都为真实电池的话，会存在热失控蔓延风险；烟感报警时间总是滞后于 H_2、CO、VOC 探测器，其原因之一是 H_2、CO、VOC 的产生时间较早，可以更早的扩散至储能舱顶部，而"白烟"的产生时间较晚，扩散至监测点的时间也会更晚。对比 H_2、CO、VOC 三种气体，设置合适的报警阈值后（H_2、CO 为 30mg/L，VOC 为 10mg/L），三种气体的报警时间几乎相同，说明热滥用下三种气体的释放时间几乎相同。但综合来看，氢气的浓度比 CO 和 VOC 高，当在复杂的场景中，如存在风冷散热装置或者开放式储能环境中，氢气会更快上升至探测器预定阈值。因此，H_2 仍然更适合作为储能舱内电池热失控的预警气体。此外，可以将 CO 作为另一种预警气体，采用 H_2 和 CO 联合判断的方式，从而提高气体预警的可靠性。

9.3 基于气体信号的电池故障预警模型

9.3.1 氢气预警模型与扩散过程

氢气传感器的安装位置会对氢气探测结果产生影响，为了探究氢气在电池舱中的扩散特性，将 3 个氢气探测器以 2m 的间隔安装在储能舱顶部，按照与电池模组的水平间距，分别简记为 H_2（0 号）、H_2（2 号）和 H_2（4 号），其中 H_2（0 号）探测器在电池模组的正上方。如图 9-24 所示，实验期间电池模组顶盖未去除，K 型热电偶紧贴在模组顶盖下方的电池上表面，用以监测电池模组温度。

将硬壳电池模组从 100% SOC 状态开始以 0.5C 的充电倍率（172A）进行过充。以开始过充为计时起点，过充过程可见光监控如图 9-25 所示。随着过充程度的加深，电池的温度先缓慢上升，而后在出现爆燃后剧烈上升至 500℃，而电池的

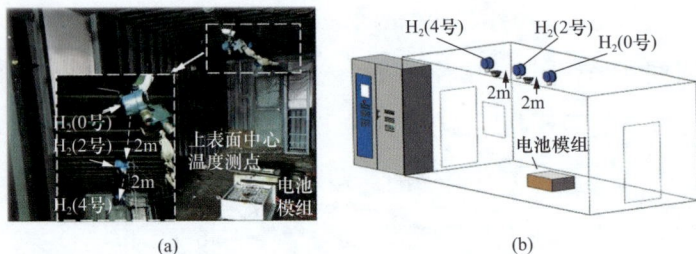

图 9-24　电池模组氢气扩散过程实验

（a）氢气探测器布局实景；（b）位置示意图

电压则表现为先升后降，电压升高是因为出现了电池材料能够承受的短暂过充，电压降低是由于过度充电使得电池内部材料出现了分解及发生了微短路。电池模组同样经历了三个阶段，即①起始阶段（0~1645s）：安全阀陆续打开，其中 1006s 探测到氢气产生；②冒烟阶段（1645~1775s）：浓烟扩散遮挡镜头；③燃烧阶段（1775s 至明火熄灭）。图 9-25 展示了 4 个典型时刻时电池模组的光学图像。t_1 代表开始充电的时间点；t_2 代表检测到氢气的时间点；t_3 代表白烟出现时间点；t_4 代表爆燃出现明火的时间点。

三个传感器测得的氢气浓度变化曲线如图 9-26（a）所示（0~2000s）。1006s 时，探测器 H_2（0 号）首先探测到氢气产生，比冒烟时刻（t_3：1645s）早 639s，比起火时刻（t_4：1775s）早 769s。氢气探测结果放大如图 9-26（b）所示（980~1120s），受距离影响，探测器 H_2（0 号）、H_2（2 号）、H_2（4 号）依次探测到氢气产生，探测器 H_2（2 号）、H_2（4 号）分别比探测

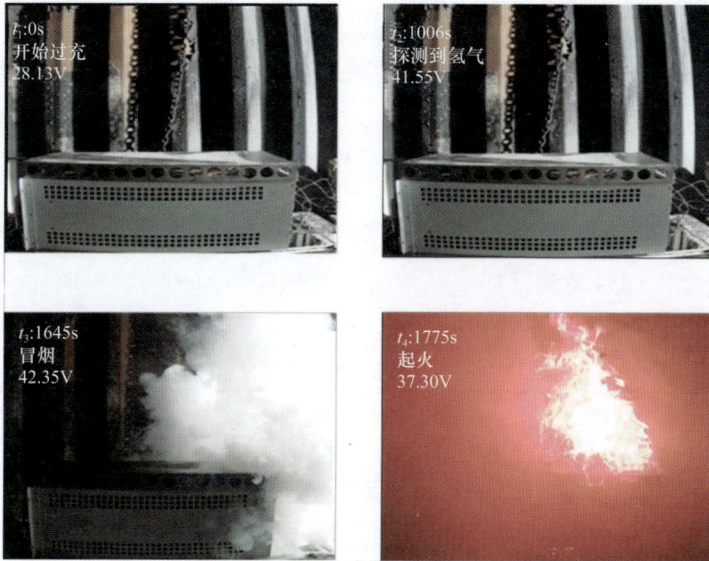

图 9-25 电池模组过充后的光学图像

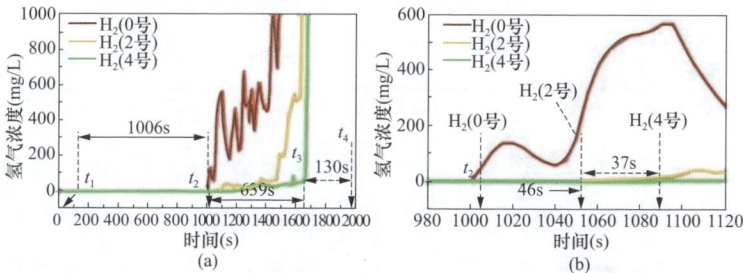

图 9-26 三个氢气传感器的氢气浓度探测结果曲线

（a）0~1800s；（b）980~1120s

器 H_2（0 号）晚 46s 和 83s。

t_2 时刻探测到氢气产生时，模组电压为 41.55V，上表面中心温度仅为 50.4℃，温升为 20.1℃。此时电池模组及储能舱内尚处于相对安全的状态，除伴随有个别电池安全阀打开及少量电解液喷出现象以外，没有任何浓烟或明火产生，是消防预警的最佳时期。至起火前一时刻，模组上表面中心温度为 87.15℃，模组起火后温度突增。关键时间节点记录见表 9-1，氢气探测对磷酸铁锂电池模组过充热失控的预警效果明显。

表 9-1　　　　　　　　氢气扩散过程时间节点

事件	开始过充	H_2（0号）探测到 H_2	H_2（2号）探测到 H_2	H_2（4号）探测到 H_2	冒烟	起火
时间（s）	0	1006	1052	1089	1645	1775
电压（V）	28.13	41.55	41.83	42.03	42.35	37.30
温度（℃）	30.3	50.4	51.8	53.2	80.9	87.15

　　结果表明，氢气沿水平方向的扩散会引起氢气探测器探测时间延迟。在实际应用中，并不能保证氢气探测器刚好安装在故障电池模组的正上方，因此需要多个氢气探测器来尽可能覆盖受保护的舱内区域。对于长度约为 12m 的标准储能舱，至少需要 3 个氢气探测器。并且根据氢气的浓度变化过程，可将氢气的报警阈值设置为 20mg/L。

9.3.2　CO、HF 预警模型

进行了软包电池模组的过度充电实验，以验证特征气体
（H_2、CO、HF 等）预警的效果。过充起始时刻记为 $t=0s$，以
0.5C、144A 恒流对软包磷酸铁锂电池模组充电，通过可见
光监测系统得软包磷酸铁锂电池模组的热失控外在现象如图
9-27 所示，电压、电流变化如图 9-28 所示。

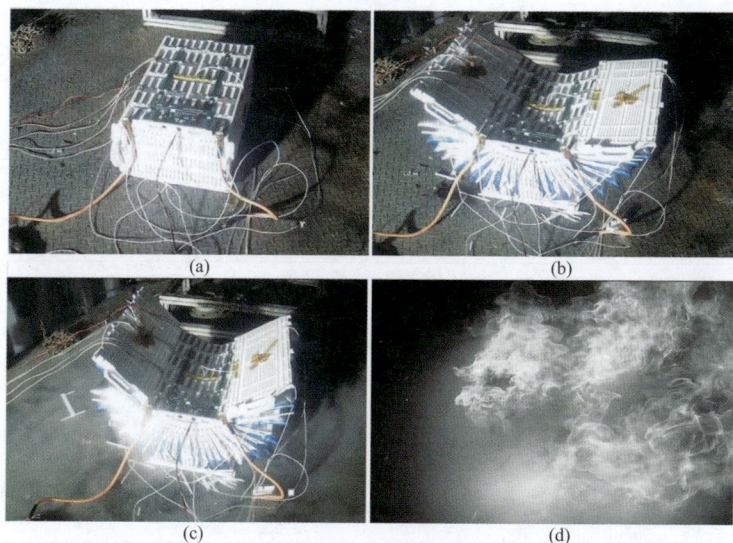

图 9-27　软包磷酸铁锂电池模组过充至热失控可见光图
（a）$t=1463s$ 模组左侧炸裂；（b）$t=1741s$ 电池膨胀变形崩开；
（c）$t=2000s$ 烟气渐大，浓烟弥漫；（d）$t=2319s$ 模组剧烈燃烧

从图 9-27 中可以看出，图 9-27（a）随着模组电压提高，
内部电池出现鼓胀，压力不断增大，直至 1463s 模组左侧裂

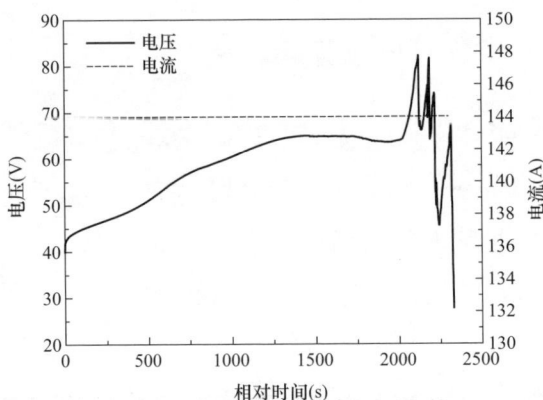

图 9-28　软包磷酸铁锂电池模组过充至热失控电压电流监测图

开。图 9-27（b）在模组左侧裂开后，电池内部电解液分解，SEI 膜溶解，不断产生气体，使部分电池持续鼓胀，并伴随有轻烟，在 1741s 出现电池模组崩开及电解液流出等现象。此后阶段，电池内部继续发生化学反应，但并未发现内部短路。图 9-27（c）相对时间为 2000s 时烟气逐渐变大，轻烟变成浓烟弥漫整个试验舱。图 9-27（d）相对时间为 2319s 时模组完全热失控，剧烈燃烧。

从图 9-28 电压、电流的监测中可以看出，前期电压随时间均匀增大，至电压为 1.6 倍模组电压时趋于平缓。后期电池内部短路，电压下降，至热失控燃烧后电压骤降，整体趋势与硬壳电池基本一致。

通过红外监测系统，得到软包磷酸铁锂电池模组热失控过程表面温度如图 9-29、图 9-30 所示。

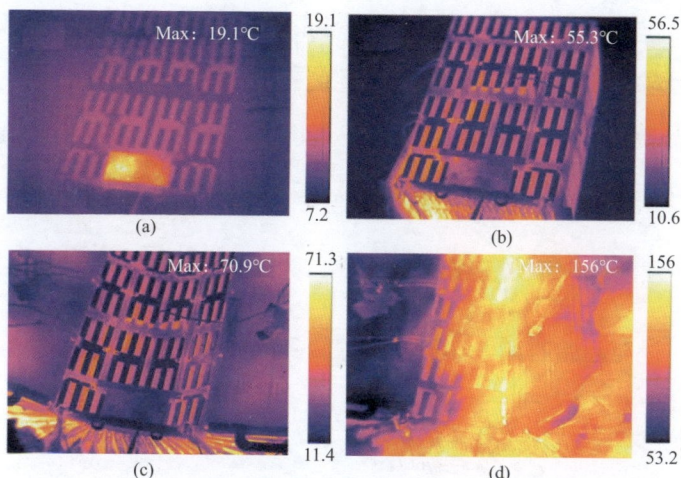

图 9-29　软包磷酸铁锂电池模组热过充至失控红外监测图
（a）t=0s 过充开始；（b）t=1463s 模组左侧裂开；
（c）t=1741s 膨胀变形，产生轻烟；（d）t=2319s 模组燃烧，温度骤升

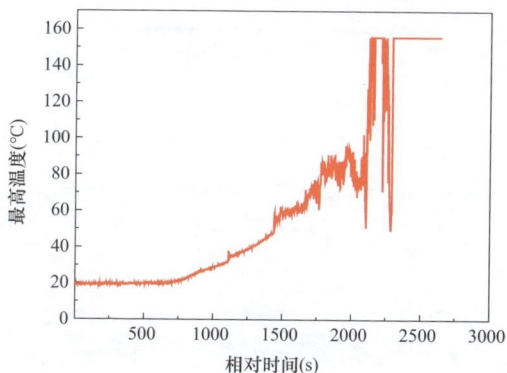

图 9-30　软包磷酸铁锂电池模组过充至热失控红外温度监测图

由图 9-29、图 9-30 可知，此时参与实验的环境温度为
19.1℃，0~1463s 的过充起始阶段电池模组表面的温度相对均匀

攀升；在 1463s 时模组发生鼓胀变形以后，红外热点温度骤降，此后温度波动变化，出现大量毛刺，但仍然呈现上升趋势；在 1741s 后模组出现明显可见烟后，烟气遮笼红外，使得热点温度波动加剧；2319s 模组爆燃后，红外工作异常，此后显示 156℃。

9.3.3 气体在线监测

过充起始时刻 t=0s，试验探测到的气体浓度变化如图 9-31 所示。

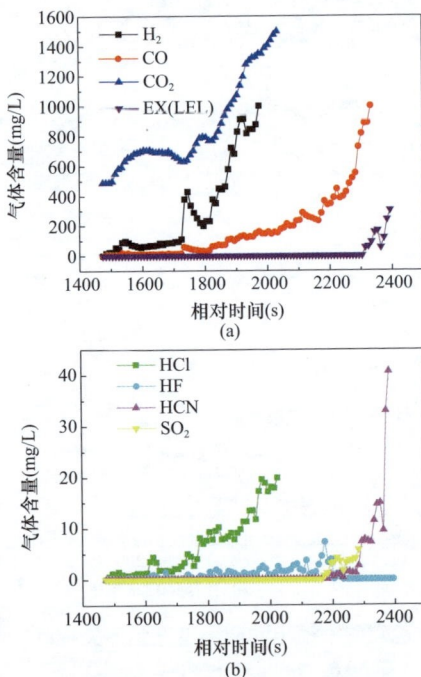

图 9-31　软包磷酸铁锂电池过充热失控后气体监测图
（a）H_2、CO、CO_2、EX 浓度变化；（b）HCl、HF、HCN、SO_2 浓度变化

从图 9-31（a）来看，t=1463s 模组左侧裂开后，H_2、CO、CO_2 浓度均开始增长，且 CO_2 增长更快；在 t=1741s 后，H_2 浓度骤增，最高释放速率为 26.8mg/（L·s），CO 和 CO_2 浓度再次明显增长，2000s 时 H_2 超 1000mg/L 量程；而 EX 浓度仅 2319s 模组爆燃后迅速增长。CO 在 2300s 左右释放速率最高达 17.5mg/（L·s）。

从图 9-31（b）来看，HCl、HF 气体浓度在 t=1463s 模组裂开后有所增长，以 HCl 浓度增长最灵敏，并很快达到 20mg/L 量程；2319s 模组爆燃后，HCN、SO_2 浓度迅速增长，HF 浓度降为零。

发现，软包磷酸铁锂电池无安全阀，产气会不断在电池内部聚集直至电池膨胀裂开而放出。对于可燃性气体 H_2 的释放速率存在一个突变期，但软包电池内部电解液极少，电池膨胀裂开一瞬间，气体向四处扩散，上方的探头几秒内探测到的气体相对较少。

其产气类型为 H_2、CO、CO_2、HCl、HF、SO_2、HCN、EX 八类气体。在软包磷酸铁锂电池模组过充至热失控各阶段，其产气类型和浓度变化始终与可见光监测、电压电流以及红外温度监测相联系，呈现阶段性变化特性，且在过充早期就可探测到 H_2、CO、CO_2、HCl、HF 的产生，其中以 H_2、CO、CO_2 浓度变化最为灵敏，HCl、HF 次之。

10

磷酸铁锂电池内部故障信号及模型试验

　　电池动态阻抗可以有效反映电池全生命周期的电化学特征和运行状态，但电池的电化学阻抗测量大多是静态测量，测得的阻抗谱用于对特定电池的性能进行表征。开发动态阻抗的在线测量技术，为阻抗在电池全生命周期中的故障诊断奠定基础。研究电池在不同安全状态下阻抗变化的内在机理，从而根据测量得出的关键频点交流阻抗，直接估算电池内部温度，准确性高；根据交流阻抗加速下降的特征，判断电池微过充情况；根据交流阻抗斜率变化的特征，进行热失控预警。从而为新型电池管理系统的构建提供理论与技术依据。

10.1 内部故障信号（动态阻抗）测量方法

10.1.1 整体设计方案

本节使用自研设备进行锂离子电池动态阻抗测量。虽然利用通用型模块（如 NI 的 DAQ 数据采集卡，Matlab 的专用数据分析软件等）搭建一个测试平台从理论上也是可行的，但是在实现规模化阻抗测量时会付出较高的成本。另外，商用数据采集卡在软件架构上依赖特定的平台，其数据同步、时延控制等方面有自身的处理技术，用户无法保证采集到的是最原始的信号。相比之下，自研设备最大的优势就是软硬件完全可控，并且可以为规模化的预警和监测设计专门的平台架构，也能为研究结论的推广提供不受限的支持。

动态阻抗的测量需要尽量满足传统的电化学阻抗谱的测量原则，即线性原则、因果性原则和稳定性原则。

线性原则是由于电池内部的电极过程与状态变量之间不服从线性规律，必须将状态变量的变化限制在足够小的范围内，才能对两者之间作线性化处理。这一原则要求电化学阻抗谱的激励不能过大，对于电压激励来说，要求电压扰动不超过 10mV；对于电流激励来说，要求产生的响应电压不超过 10mV。储能用锂离子电池的容量一般较大，阻抗不超过 10mΩ，因此基于电流源激励的动态阻抗测量中的激励电流大

小一般不超过 1A。当测量小容量电池时，该激励电流还应当
减小，使电流与各频点阻抗的最大值的乘积不高于 10mV。

因果性原则要求电池只能对一个信号进行响应。在电化
学阻抗的测量中，只需要保证激励信号是单一频率的正弦波，
且谐波含量低即可。而在动态阻抗的测量不可避免地会受到来
自负载电流的干扰，这就要求测量中除了保证激励信号的谐波
含量低之外，还要有一定的抗高频干扰能力。

稳定性原则要求电池受到的扰动停止后，能够恢复到原
先的状态。在电化学阻抗的测量中，要求保证激励信号的正
负成分大致相同，即直流分量接近于 0。而在动态阻抗的测量
中，一旦电池处在充放电条件下，负载电流使得电池无法保持
原有的稳定性，测量设备不应该也不必要主动作用并使电池处
于稳定状态。正因为测量动态阻抗时电池不一定处于稳定状
态，测量结果与电化学阻抗谱本征上就有一定的区别。

实际上，在电化学阻抗谱的测量中，这三个前提条件不
一定要完全满足。在设计动态的测量时，只需要尽可能满足这
三个原则。

基于以上原则和要求，本节设计的在线阻抗测量方案如
图 10-1（a）所示，依据以上方案制作的动态阻抗测量设备如
图 10-1（b）所示。

如图 10-1（a）所示，该方案包括主控芯片、信号处理电
路、通道切换单元和线性电源四部分组成：主控芯片采用数字

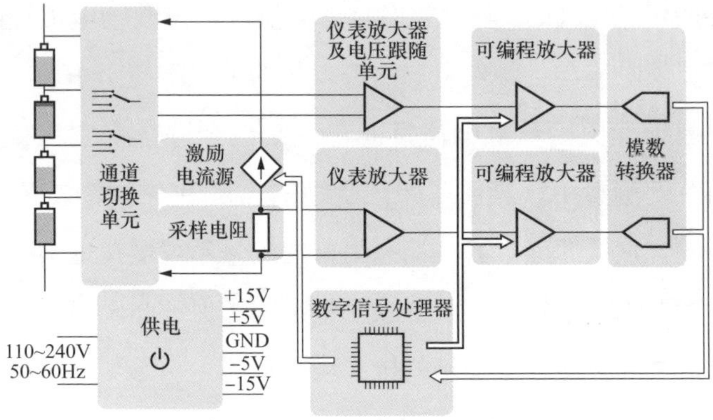

(a)

(b)

图 10-1 动态阻抗测量方案原理图及设备实物图

（a）方案原理图；（b）设备实物图

信号处理器（DSP），用于驱动电流源产生正弦激励电流，从
信号采集单元中获得响应电压，并计算动态阻抗；信号处理电

路用于实现强直弱交无相移的信号分离和放大、采集，包括一个激励电流源、一个采样电阻、一对参数相同的强直弱交信号放大单元（分别面向电压和电流）、一个同步采集单元，面向电压的信号放大单元还包括动态去直流环节；通道切换单元用于测量多个电池单体，将激励电流输出端连接到选定的电池单体两端，并将选定电池的端电压接入设备的响应电压输入端；线性电源用于产生带有波纹较小的 ±5、±15V 直流电压。

如图 10-1（b）所示，该方案能在电池运行状态下测量 8 个电池的 1Hz 到 1kHz 之内（间隔 1Hz）任一频率的动态阻抗（该频率段已经覆盖了能够反映锂离子电池特性的中低频带）。每个通道的单个频率点阻抗测量时间不大于 1s，能够满足基于阻抗的预警的实时性要求。

（1）电流源激励。传统的电化学阻抗谱测量设备采用电压型激励，要求电池电压保持不变，而在电池充放电过程中其电压往往是不断变化的，很难跟随。相反，电流源激励的最大优势是输出激励不需要根据电压或负载电流调整，具有在线测量能力。

在测量时，激励电流源产生频率为 f_e 的正弦电流 i_e。

$$i_e = A\sin(2\pi f_e t) \tag{10-1}$$

式中：A 为电流扰动的振幅，根据线性测量原则分析，A 值可以取 1A。

锂离子电池具有非线性特性，一个频率的激励会产生谐波响应，同理多个频率的激励也会产生特定频率的响应，给测量结果带来误差，因此，激励电流源必须有极低的谐波。为保证激励电流源的输出质量，实现方案中选择 200ksps 的模数转换器（analog to digital converters，DA）以实现最高 1kHz 正弦波形的 64 点模拟输出。为了获得宽频带上的平滑正弦信号，选择带激励信号的数字滤波器，以在 1Hz 到 1kHz 的频率范围内实现模拟量的滤波，降低激励电流的谐波成分。

此外，方案中采用的电流源是宽频带、低谐波的激励电流源。需要强调的是，虽然设计方案的目标使用单频点阻抗对电池进行安全预警，但在研究阶段实现方案中具有宽频带阻抗测量的能力，以获取更多动态阻抗特征，激励电流源覆盖到锂离子电池的大多数特征频率（1Hz 到 1kHz）。在相关研究完成及关键单频点确定之后，将研究成果应用于实际环境的电池管理系统中时，可以将激励源替换成为成本较低的定频激励源。

（2）强直弱交信号处理。设计方案采用四探针法采集实时地响应电压 u_r 和激励电流 i_e 在采样电阻上形成的电压。四探针法能够保证响应电压 u_r 的采集不受激励电流 i_e 在线路上产生的压降影响的同时，还可以消除引线带来的阻抗测量影响。

电流采集部分首先将激励电流 i_e 通过精密的采样电阻转换为采样电压 u_s，i_e 和 u_s 之间存在着以下关系

$$i_e = \frac{u_s}{R_s} \qquad (10-2)$$

其中 R_s 与被测电池的阻抗应保持同一数量级，为 10mΩ。

u_s 和 u_r 都通过仪表放大器将双端电压转换为与测量系统共地的单端电压。同时，u_r 中的直流电压会被电压跟随单元抵消去除。电流源激励信号产生的交变部分叠加在电池直流电压之上，幅值仅是电池电压的千分之一数量级，即 u_r 是一个典型的强直弱交信号。该信号在放大前必须先通过去直流环节去除直流电压。在带有强负载电流干扰的情况下，电池的直流电压会发生剧烈的变化，导致去直流环节出现去直流不彻底或过度的情况。这两种情况都会使放大前的 u_r 带有较大的直流残压进而导致放大后出现削顶现象导致更大的失真而带入相移，影响阻抗的测量准确度。

阻抗的计算需要同步的电压和电流序列，序列信号的时延误差会造成阻抗的误差（尤其是相角的偏差及其造成的实部和虚部偏差），电压和电流信号的隔离放大通道必须设计为完全一致，并且采集单元也必须有同步采集功能。因此，设计中使用了两个放大环节实现 u_s 和 u_r 的 10、100、1000 倍放大。两个放大环节采用相同且独立的可编程放大器，不依赖额外的元件，这样可以最大限度的保证放大环节具有相同的频率响应、带宽和压摆率，使测量结果具有相同的放大倍数、温度漂移和相位漂移，保证放大环节不产生相位偏移。信号采集的最终端使用 16 位的同步采样 AD 来保证 u_s 和 u_r 转换的同步性，避免了 AD 异步转换带来的相位偏差。

最后，获得 AD 采集数据后，首先通过幅度转换获得激励

电流序列 i_e 和响应电压序列 u_r，然后通过傅里叶变换计算频率 f_e 对应的电流和电压分量，从干扰信号中获得目标频率的分量，并除掉去直流环节留下的少量直流残压。

i_e 和 u_r 在频率 f_e 上的分量分别是 I_e 和 U_r。频率 f_e 上的阻抗 Z 可通过向量除法计算

$$Z = \frac{U_r}{I_e} \tag{10-3}$$

10.1.2 有效性验证

为了验证有效性，分别使用本方案得到的设备和通用的电化学阻抗谱测量设备测量的 $10m\Omega$ 精密无感电阻的 1Hz 到 1kHz 的阻抗，如图 10-2（a）的两条阻抗谱所示。在 1Hz 到 1kHz 的频率段上，两个设备的阻抗谱实部都保持在 $10m\Omega$ 附近，误差不超过 $0.05m\Omega$，误差率低于 0.5%。虚部都随着频率逐渐增大，这是由于连接线的电感效应，且感抗与频率成正比。测试结果说明了基于该设计方案研发的动态阻抗测量设备具有较高的幅值精度。

为了进一步验证在实际锂离子电池的测量效果，首先利用该设备测量 24Ah 磷酸铁锂方形铝壳电池在 1Hz 到 1kHz 的阻抗，然后利用通用的电化学阻抗谱测量设备测量同一块电池在 1Hz 到 1kHz 的阻抗，如图 10-2（b）的两条阻抗谱所示。在 1Hz 到 1kHz 的频率段上，两个设备的阻抗谱是高度重合的，说明基于该设计方案研发的动态阻抗测量设备在锂离子电

池实际测量中具有较高的幅值和相位精度。

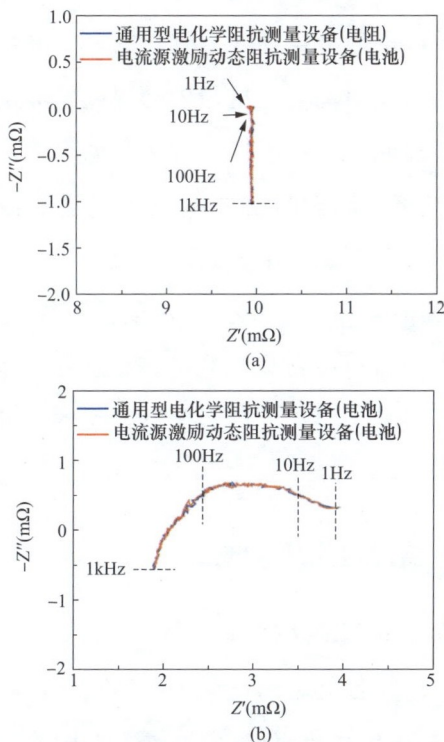

(a)

(b)

**图 10-2　研发的动态阻抗测量设备与通用电化学阻抗谱测量设备的
精度比较**

（a）10mΩ 精密无感电阻；（b）24Ah 磷酸铁锂方形铝壳电池

10.2　动态阻抗标定内部温度预警方法

动态阻抗是可以在运行时测量到的电化学阻抗，内部温度、SOC、电流等因素都会影响动态阻抗，并且每个因素对动态阻抗的影响程度是不同的。因此，对于一种特定类型的电池，找到受内部温度主导而受其他因素影响很小的阻抗频点，并通过测试获得动态阻抗与内部温度的标定曲线，就可以在运行中通过测量动态阻抗实现内部温度的快速感知。本节提出基于单频点动态阻抗的电池内部温度感知方法。首先，需要确定受内部温度主导的动态阻抗频率。由于阻抗会受 SOC 和充放电电流的影响，确定受内部温度主导的频率时，应根据电流和 SOC 的影响程度综合选择；然后，再通过标定获得内部温度 – 阻抗的函数模型，实现通过阻抗检测内部温度的目标。

10.2.1　最优阻抗频率选择

1. 抗电流干扰频段选择

为了充分研究各类型的锂离子电池充电过程中的阻抗如何随电流、内部温度和 SOC 变化，探究内部温度实时检测的可行性和干扰因素，选择 24Ah 磷酸铁锂方形铝壳电池、2.2Ah 钴酸锂圆柱电池、2.55Ah 三元材料圆柱电池和 0.7Ah 锰酸锂圆柱电池为研究对象，在高低温湿热实验箱中进行连续充电测试。

测试方案步骤为：将高低温湿热实验箱温度设置为 25℃，将四种电池放置其中静置 4h；然后，记录每种电池的阻抗，

阻抗范围为 20~500Hz，并使用电池测试仪分别对电池进行 1C
充电，直到电压达到各自的充电截止电压；待各频率的阻抗不
发生变化时，停止记录阻抗曲线，测试结果如图 10-3 所示。

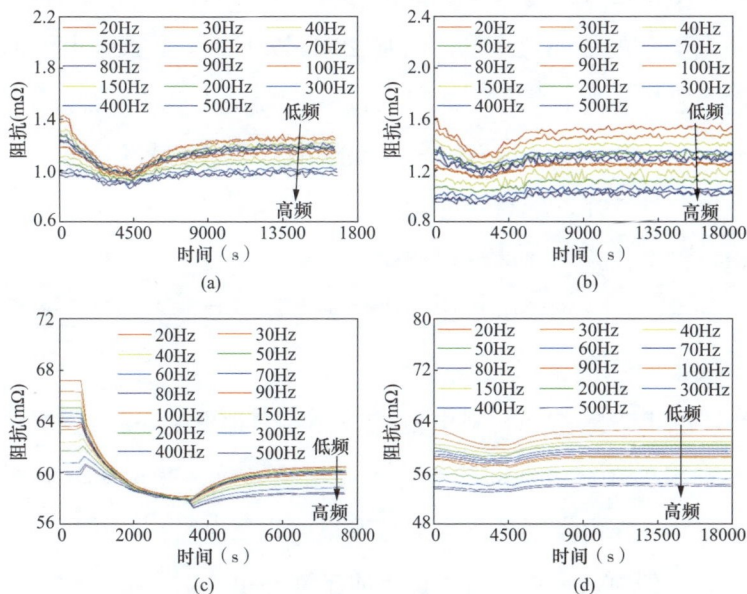

图 10-3　被测电池各频点动态阻抗受电流影响曲线
（a）磷酸铁锂电池；（b）钴酸锂电池；（c）三元材料电池；（d）锰酸锂电池

　　如图 10-3 所示，容量越小的锂离子电池的初始阻抗越
大，0.7Ah 锰酸锂电池的基础阻抗为 50~61mΩ，24Ah 磷酸铁
锂电池的阻抗仅为 1.0~1.4mΩ。四种电池各频率的动态阻抗在
充电过程中都有不同程度的减小，并且都在充电结束时升高。
同时，初始阻抗越大的电池，阻抗受到电化学参数的影响越

强，在充电时减小的幅度就越大。

从图 10-3 中还可以看出，充电时的变化是由充电过程中内部温度升高引起的。充电结束后，内部温度开始逐渐下降，阻抗也慢慢回升。在恢复到稳定值之后，某些动态阻抗与充电前的值明显不同，例如 20Hz 以下的磷酸铁锂电池的动态阻抗和所有频率下的三元材料电池的阻抗，在充电前后差别大于 0.5mΩ。这表明 SOC 会影响这些频率或频段上的阻抗。此外，在三元材料电池充电的开始和结束时，每个动态阻抗都会出现明显的突然变化。这种现象表明三元材料电池的动态阻抗会随着电流而发生很大变化，其他类型的电池则不发生该种现象。

综上，除三元材料电池外，另外三种电池 20~500Hz 的动态阻抗在充电期间的变化不受电流影响，并且受 SOC 影响较小。充电期间动态阻抗随着温度积累而减小，并且在充电后回到原始水平。该测试表明了动态阻抗与内部温度之间确实存在关系，并且可以通过动态阻抗来感知内部温度。在所测试的锂离子电池中，三元材料电池的阻抗会受到电流影响，不适合通过阻抗感知内部温度，其他电池的阻抗不会受到充电电流的影响。

2. 抗 SOC 干扰频段选择

充电前后 SOC 的不同也影响阻抗，在感知内部温度时还必须明确 SOC 对阻抗的影响。选择动态阻抗频率点时，需要根据内部温度和 SOC 对阻抗的影响程度，选择受内部温度影响程度远高于受 SOC 影响程度的频率点。为了定量分析 SOC 对每种电池的影响，下面进行了 SOC– 阻抗测试。

测试实验步骤：使用容量和封装类型与前面测试相同的磷酸铁锂、钴酸锂、三元和锰酸锂电池作为测试对象。将 SOC 设置为 0%，放置在 25℃ 的实验箱中。以 20% 的间隔将 SOC 从 0% 充到 100%（充电电流为 0.05C，不产生额外影响），每次充电后静置 4h，然后测量 20~500Hz 的阻抗谱，得到的 SOC 和阻抗关系图 10–4 所示。

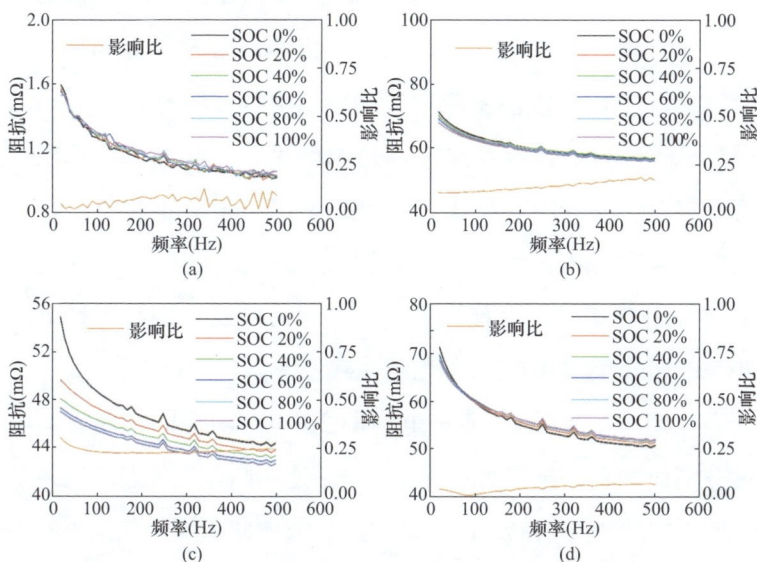

图 10-4　被测电池各频点动态阻抗受 SOC 影响曲线
（a）磷酸铁锂电池；（b）钴酸锂电池；（c）三元材料电池；（d）锰酸锂电池

如图 10-4 所示，每个电池在不同 SOC 上的阻抗曲线重合程度表示在被测试频率段上阻抗受 SOC 影响的程度，重合度越高表示该电池受 SOC 影响小。磷酸铁锂、钴酸锂和锰酸锂电池的曲线具有很高的重合度，三元材料电池和钴酸锂电池在 20~500Hz 频带内的阻抗受 SOC 的影响很大，并且钴酸锂电池越高频率的阻抗受 SOC 影响越大。

3. 最优阻抗频率选择

为了定量分析内部温度对每种电池阻抗的影响，并与前面得到的 SOC 对阻抗的影响作比较，这里进行了内部温度 - 阻抗标定测试。使用容量和封装类型与前面测试相同的磷酸铁锂、钴酸锂、三元和锰酸锂电池作为测试对象。首先将 SOC 设置为 50%，放入恒温箱中；然后以 5℃ 为间隔将恒温箱的温度从 5℃ 依次设置到 60℃，每次设置后等待 4h，直到电池完全静置，并且内外温度一致，测量 20~500Hz 的阻抗。得到的内部温度与各典型频率阻抗的关系如图 10-5 所示。图 10-5 的每一个分图中，沿着箭头所示方向的曲线分别是每种电池 20~500Hz（间隔 10Hz）的阻抗曲线。

如图 10-5 所示，四种电池的 20~500Hz 阻抗表现为随温度升高而减小，与前面的仿真实验结论相同。在低温范围内受温度影响略大于高温范围，说明阻抗随内部温度的变化遵循了相同的电化学机理。

为了量化在 5℃ 到 55℃ 的温度范围内和 0% 到 100% 的

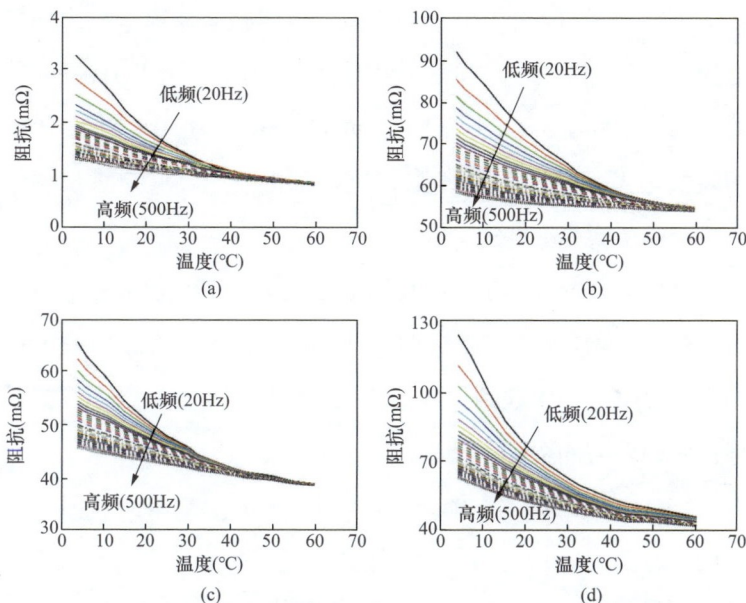

图 10-5 被测电池各频点动态阻抗受内部温度影响曲线
(a) 磷酸铁锂电池；(b) 钴酸锂电池；(c) 三元材料电池；(d) 锰酸锂电池

SOC 范围内，阻抗受两者的影响程度，本节提出影响比 θ_{imp} 的概念。影响比 θ_{imp} 为 $\Delta|Z_{SOC}|$ 与 $\Delta|Z_T|$ 的比值

$$\theta_{imp} = \frac{\Delta|Z_{SOC}|}{\Delta|Z_T|} \qquad (10\text{-}4)$$

式中：$\Delta|Z_{SOC}|$ 为在 25℃ 条件下，SOC 从 0% 充电到 100% 的过程中阻抗的变化范围；$\Delta|Z_T|$ 为在 SOC 为 50% 的条件下，温度从 5℃ 增长到 55℃ 的过程中阻抗的变化范围。每个电池的阻抗随频率变化曲线如图 10-5 中的影响比曲线所示。

磷酸铁锂电池的 20~80Hz 阻抗受 SOC 影响小，θ_{imp} 小于

3%。其中 70Hz 时对应最小的 θ_{imp}，说明磷酸铁锂电池内部温度的最佳检测频率为 70Hz。70Hz 阻抗的 $\Delta|Z_{SOC}|$ 是 0.036mΩ，$\Delta|Z_T|$ 为 1.28mΩ，θ_{imp} 是 2.8%，说明以 SOC 为 50% 时的 70Hz 的阻抗与温度的映射曲线来预测内部温度时，SOC 对预测结果的影响最大是 2.8%。

锰酸锂电池的 40~160Hz 阻抗受 SOC 影响最小，θ_{imp} 也小于 3%，说明使用动态阻抗标定的预测方法也能在锰酸锂电池的内部温度感知中起到很好的作用。锰酸锂电池内部温度的最佳检测频率为 40Hz。

钴酸锂电池的 θ_{imp} 随频率的增加而增加，在 30Hz 时，最低的 θ_{imp} 为 9.2%。三元材料电池的 θ_{imp} 高于 20%，在 140Hz 时 θ_{imp} 最低，为 21.5%。说明 SOC 对这两种电池的 20~500Hz 阻抗影响很大，无法使用单一频点阻抗感知内部温度。在将来的研究中，先通过估算方法获得电池的 SOC，再通过综合考虑 SOC 和内部温度对阻抗的影响，修正内部温度的计算方法，有可能是解决该问题的思路。

从以上测试结果可以发现，使用单频点动态阻抗标定的方法能够感知电池的内部温度。在磷酸铁锂电池上重复了抗电流干扰频段选择、抗 SOC 干扰频段选择、最优阻抗频率选择过程，证明了 70Hz 的动态阻抗适合用来标定多种封装和容量磷酸铁锂电池的内部温度。

10.2.2　动态阻抗标定内部温度

确定了 70Hz 是感知磷酸铁锂电池内部温度的最佳阻抗频率点后，就可以在实际运行中通过 70Hz 的动态阻抗与内部温度的标定曲线感知内部温度，建立相应的模型。例如，24Ah磷酸铁锂方形铝壳电池的 70Hz 动态阻抗与内部温度标定曲线图 10-6 所示。

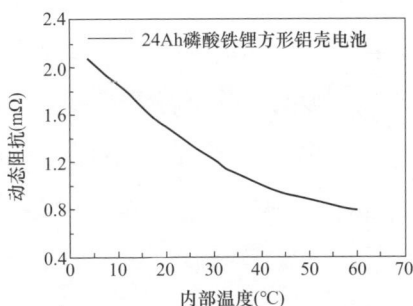

图 10-6　24Ah 磷酸铁锂方形铝壳电池 70Hz 动态阻抗与内部温度标定曲线

如图 10-6 所示，24Ah 磷酸铁锂方形铝壳电池的温度范围是 5℃ 到 60℃，能覆盖到正常运行状态下的各个温度点，这是因为实际储能系统中设定的环境温度在 25℃ 左右，不会低于 5℃，而且正常运行时不允许温度高于 60℃。该电池的 70Hz 阻抗随温度变化范围从 0.8mΩ 到 2.1mΩ，变化范围仅为 1.3mΩ。这种变化范围对测量设备的要求较高，特别是在电池运行时，稍有测量误差就会使感知的内部温度出现很大的波动，如 0.1mΩ 的测量误差就会产生 4.2℃ 的偏差。从图 10-6 还可以看出，在 40℃ 以上的高温段，曲线的斜率变低，动态阻抗随内部温度变化缓慢，说明基于动态阻抗标定的内部温度感知方法在高温段准确度略低于低温段。

为了验证基于动态阻抗标定的内部温度感知预警方法的普适性，本文选取了 13Ah 方形铝壳电池、30Ah 方形铝壳电池、50Ah 软包电池、150Ah 方形铝壳电池这四种磷酸铁锂电池进行了温度标定，并参与后面的有效性验证。

标定步骤：首先将待标定电池的 SOC 设置为 50%，放入恒温箱中；然后以 5℃ 为间隔将恒温箱的温度从 5℃ 设置到 60℃，每次设置后静置 4h 并测量 70Hz 动态阻抗，获得以上电池的阻抗 – 内部温度曲线，如图 10-7 所示，关键温度点的阻抗值见表 10-1。

表 10-1　典型磷酸铁锂电池的 70Hz 动态阻抗 – 内部温度标定

温度 （℃）	70Hz 动态阻抗（mΩ）				
	24Ah 铝壳	13Ah 铝壳	30Ah 铝壳	50Ah 软包	150Ah 铝壳
5	1.953	5.970	1.614	1.056	0.398
10	1.797	5.751	1.495	0.945	0.367
15	1.641	5.561	1.391	0.886	0.358
20	1.489	5.366	1.292	0.826	0.329
25	1.349	5.200	1.200	0.749	0.313
30	1.227	5.049	1.103	0.709	0.304

续表

温度 （℃）	70Hz 动态阻抗（mΩ）				
	24Ah 铝壳	13Ah 铝壳	30Ah 铝壳	50Ah 软包	150Ah 铝壳
35	1.054	4.928	1.034	0.629	0.276
40	0.977	4.828	0.976	0.591	0.263
45	0.937	4.759	0.930	0.568	0.255
50	0.889	4.713	0.896	0.546	0.245
55	0.833	4.688	0.868	0.519	0.240
60	0.797	4.673	0.845	0.496	0.236

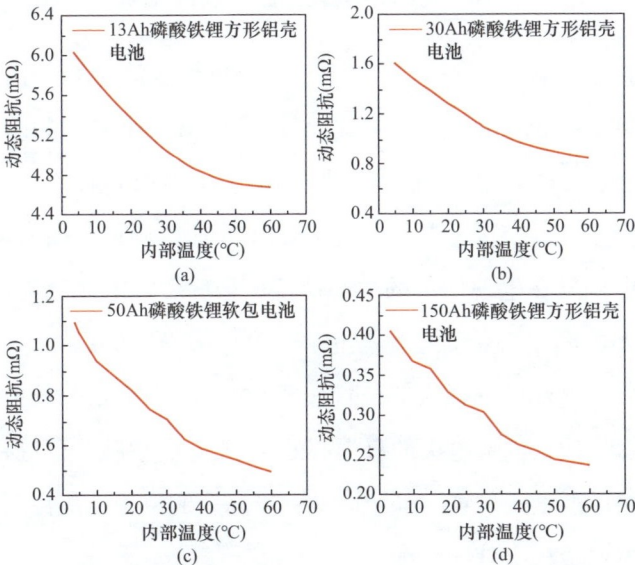

图 10-7　典型磷酸铁锂电池 70Hz 动态阻抗与内部温度标定曲线

（a）13Ah 磷酸铁锂方形铝壳电池；（b）30Ah 磷酸铁锂方形铝壳电池；
（c）50Ah 磷酸铁锂软包电池；（d）150Ah 磷酸铁锂方形铝壳电池

如图 10-7 所示，各电池动态阻抗随内部温度变化的总趋势是一样的，且与图 10-6 的 24Ah 方形铝壳电池相同。阻抗都是随温度升高而减小的速度都是先快后慢，说明阻抗随内部温度的变化遵循了相同的电化学机理，也说明在磷酸铁锂电池上，高温段的感知准确度都略低于低温段。此外，容量越大的电池阻抗越小，阻抗随温度的变化幅度也越小，所以大容量电池的内部温度感知准确度会低于小容量电池。

10.2.3　内部温度感知预警的有效性验证

为了比较电池运行时通过动态阻抗标定法感知的内部温度与真实内部温度的误差，本节设计了植入热电偶的验证实验。选用 24Ah 磷酸铁锂方形铝壳电池作为测试对象，从顶部撬开安全阀。将一个热电偶做好绝缘处理后从顶部插入电池，使热电偶处在电池内部的中心位置。最后做好电池外壳密封，并在表面的中心位置贴附热电偶探针，如图 10-8（a）所示。热电偶在电池内部插入的位置如图 10-8（b）所示，从顶视图可见探针插入内部电极的最中心的层中，从左视图可见探针尖端（感应温度的位置）处于电池一半高度的位置，探针测量到的是电池最核心处的温度。

为了得到快速的温度变化，本测试以 2.0C 的电流对电池充电，实时测量 70Hz 阻抗，并计算内部温度 T_{eint}，同时记录两

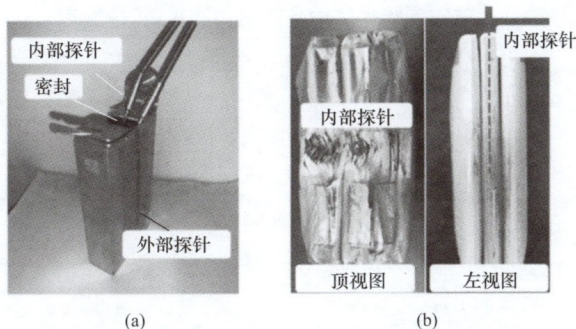

图 10-8　植入热电偶探针的电池及拆解图

（a）被测电池植入探针实拍图；（b）被测电池拆解图

个探针测得的内部温度 T_{mint} 和表面温度 T_{surf}，测试结果如图 10-9
所示，关键实验数据见表 10-2。

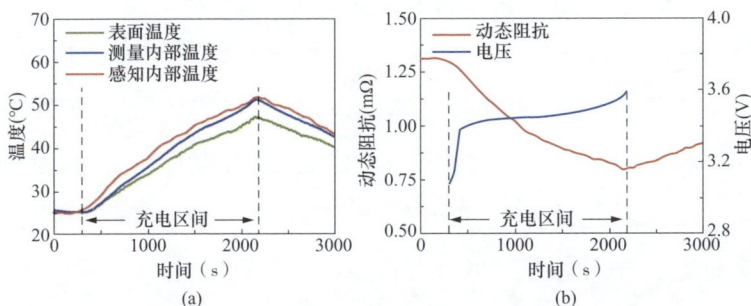

**图 10-9　2C 速率充电下 24Ah 磷酸铁锂方形铝壳电池的内外温度、
动态阻抗和电压**

（a）表面温度、测量内部温度和感知内部温度；（b）动态阻抗和电压

如图 10-9（a）所示，充电开始前 T_{eint}、T_{mint} 和 T_{surf} 都是
25.2℃。开始充电后，T_{eint} 首先增加，并在充电结束时达到

表 10-2　　充电实验中的内外温度对比（2.0C 充电）

时间（s）	状态	表面温度（℃）	测量内部温度（℃）	感知内部温度（℃）
357	开始充电	25.2	25.2	25.2
2186	结束充电	46.7	51	51.6
6260	长时间静置	27.2	27.5	28.9

51.6℃。T_{mint} 的增加速度比 T_{eint} 慢，最终达到 51.0℃，与同时刻的 T_{eint} 相差仅 0.6℃。而 T_{surf} 由于电池表面本身不发热，并且散热条件好的原因，最后只达到 46.7℃。在较长时间静置后，三个温度都接近了实验开始时刻的温度，其中 T_{surf} 和 T_{mint} 分别是 27.2℃ 和 27.5℃，可以认为此时内外温度基本一致。同时（6260s）感知到的内部温度是 28.9℃，与测量的内部温度的误差为 1.4℃。说明 SOC 对阻抗的影响存在于该测试中。由于磷酸铁锂电池的阻抗不高（2.8%），SOC 对内部温度的感知影响不大，1.4℃ 的误差在实际储能应用中是可接受的。

此外还进行了 1C 充电测试，测试条件与 2C 充电相同，实时测量 70Hz 阻抗，并计算内部温度，同时记录两个探针测得的内部温度和表面温度，结果如图 10-10 所示，关键实验数据见表 10-3。

如图 10-10（a）所示，充电开始前（1024s）T_{mint} 和 T_{surf} 分别是 25.7℃ 和 25.6℃。同时（1024s）T_{eint} 是 26.4℃，与 T_{mint} 的差别是 0.7℃。开始充电后，T_{eint} 首先增加，并在充电结束

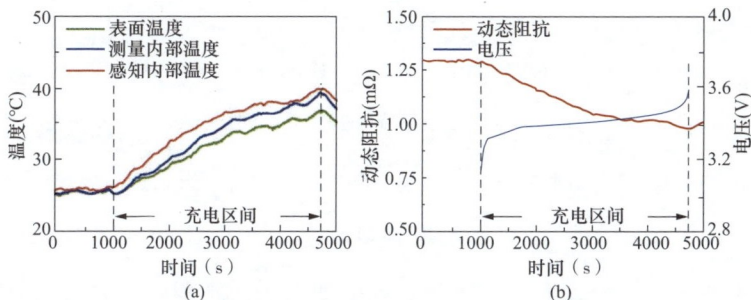

图 10-10　1C 速率充电下 24Ah 磷酸铁锂方形铝壳电池的内外温度、
动态阻抗和电压

（a）表面温度、测量内部温度和感知内部温度；（b）动态阻抗和电压

表 10-3　充电实验中的内外温度对比（1.0C 充电）

时间（s）	状态	表面温度（℃）	测量内部温度（℃）	感知内部温度（℃）
1024	开始充电	25.6	25.7	26.4
4732	结束充电	36.9	39.3	40
11968	长时间静置	25.4	25.4	24.8

时（4732s）达到 40.0℃。T_{mint} 的增加速度比 T_{eint} 慢，最终达到
39.3℃，与同时刻的 T_{eint} 相差仅 0.4℃。而 T_{surf} 由于充电倍率不
高，相比 2C 充电测试增长不明显，最后只达到 36.9℃。在较
长时间静置后（11968s），三个温度都接近了实验开始时刻的温
度，表面温度和测量到的内部温度都是 25.4℃，内外温度一致。
同时（11968s）感知到的内部温度是 24.8℃，与测量的内部温
度的误差为 0.6℃。证明在充放电前后及充分静置后，通过内部

温度感应到的 T_{eint} 与植入探针测量到的 T_{mint} 相差不超过 2.0℃。

可见，两次不同充电倍率的实验中，T_{eint} 与 T_{mint} 都非常接近，并且 T_{eint} 对 T_{mint} 的跟随速度很快，证明了本方法在实际充电过程中的有效性。

为了进一步验证基于单频点动态阻抗标定的内部温度感知预警方法在更多类型磷酸铁锂电池上实时感知内部温度的有效性，还需要进行不同容量封装的磷酸铁锂电池进行充电中的内部温度和表面温度比较。这里选择前文已经进行过内部温度 –70Hz 阻抗标定的 13Ah 方形铝壳电池、30Ah 方形铝壳电池、50Ah 软包电池、150Ah 方形铝壳电池这四种磷酸铁锂电池，并进行 1.0C 充电测试。

实验步骤如下：首先将电池 SOC 设置为 0%，连接上动态阻抗测量设备，并在表面贴附热电偶，热电偶贴附位置是电池的正面中心位置；然后将电池置于恒定的 10℃ 环境中静置 4h（无对流散热），待内外温度相同且电池内部状态稳定；最后启动对电池的 1.0C 充电，直到电压到达磷酸铁锂电池的截止电压（3.6V），记录电池的表面温度和 70Hz 动态阻抗，并根据标定曲线计算电池实时的内部温度。分别对四种磷酸铁锂电池进行相同实验，得到测试结果如图 10–11 所示。

如图 10–11 所示，充电开始时间都在 0s 左右。充电过程中，内部温度始终高于表面温度，差距逐渐增大；在充电结束后，内部温度和表面温度同时下降，并逐渐趋近。其中图

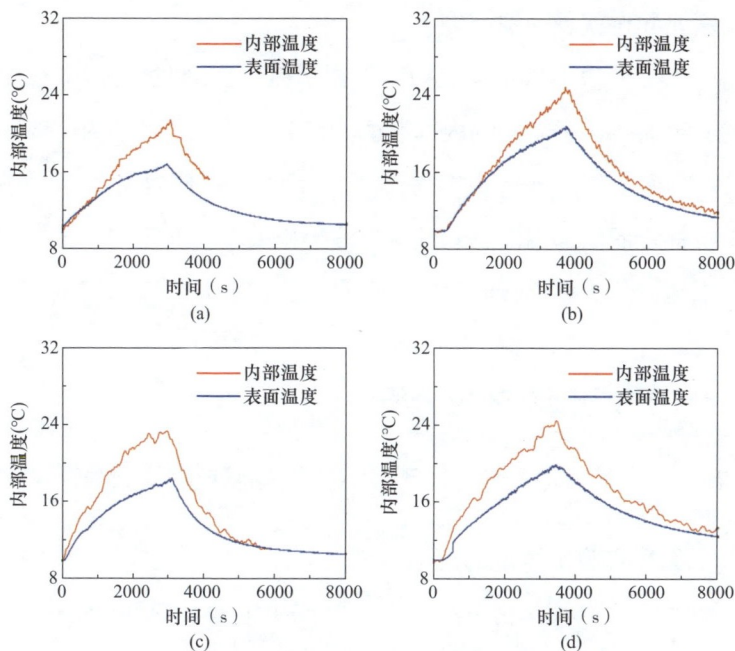

图 10-11　1C 速率充电下典型磷酸铁锂电池的内部和表面温度
（a）13Ah 磷酸铁锂方形铝壳电池；（b）30Ah 磷酸铁锂方形铝壳电池；
（c）50Ah 磷酸铁锂软包电池；（d）150Ah 磷酸铁锂方形铝壳电池

10-11（c）中的 50Ah 软包电池的内部温度在 6000s 左右达到
与表面温度相同的水平。图 10-11（b）和图 10-11（d）的电
池在 8000s 没有完全达到稳定条件，此时内外温度差别已小于
1℃，且仍在缓慢接近。

比较图 10-11（b）和图 10-11（d）可知，在 1C 充电的最
后阶段，在 1C 充电的最后阶段，内外温度的差异都是 4~6℃，
说明电池内外温度差异并不遵循简单的容量、体积越大，内外

温度差异也就越大的结果。

以上两次测试结果表明，依据 70Hz 动态阻抗与内部温度的标定曲线，感知到的内部温度能够非常接近实际的内部温度（误差最大为 1.5℃，并且一般低于 1℃）。说明这种基于动态阻抗标定的内部温度感知预警方法操作简单，对于同一种类型的电池，只需要进行温度一轮标定，不需要建立新的模型。

10.3 预警效果分析

10.3.1 强扰动负载条件下的内部温度感知预警

前文实验中恒定的充电倍率是理想情况，在实际应用中，电池的输出电流是由负载和电池共同决定的，带有扰动成分。为了检验内部温度感知在强扰动负载条件下的内部温度感知预警效果，这里将 16 个 13Ah 磷酸铁锂方形铝壳电池串联组成模组作为被测对象，并使用一台有刷直流电动机进行扰动负荷测试，该电动机提供的负载电流包含较大的扰动成分。实验平台部署如图 10-12 所示，将动态阻抗测量设备、电压采集设备接入模组内的单体电池，表面温度采集设备贴附在单体电池表面，直流电动机驱动器和有刷直流电动机接入模组输出端。

待电池充分静置，内外温度一致后，分别控制电动机以低、高两个速度运行一段时间，记录电池的电流、表面温度和 70Hz 阻抗，同时根据标定曲线计算内部温度，得到结果如图 10-13 所示。

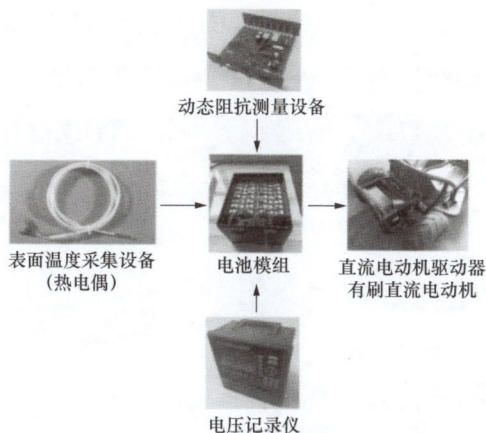

图 10-12 强扰动负载内部温度感知实验平台示意图

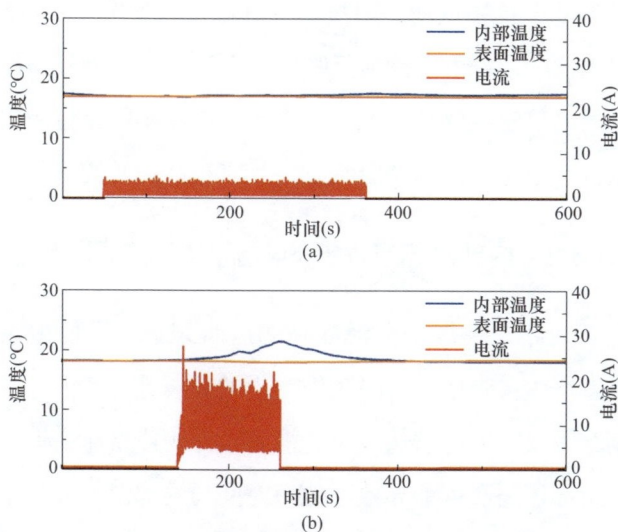

图 10-13 强扰动负载条件下的内外温度和负载电流

（a）低速运行条件下的温度和负载电流；（b）高速运行条件下的温度和负载电流

如图 10-13（a）所示，低速测试中电动机启动于 49s，停止于 355s，运行时间为 306s，平均电流为 2.4A，电流波动为 4.2A，扰动比为 175%。低速运行期间内部温度没有明显升高，并且不发生波动。内部温度与表面温度的偏差保持在 2℃ 以下。

如图 10-13（b）所示，高速测试中电动机启动于 138s，停止于 261s，运行时间为 123s，平均电流为 7.7A，电流波动为 11.86A，扰动比为 154%。内部温度从启动时刻的 18.1℃ 开始持续升高，在电动机停止运行前到达最大值 21.3℃，升高了 3.2℃。

可见基于单频点动态阻抗的内部温度预警方法能在 160% 左右扰动比的条件下准确地反映内部电池温度的增长情况，提供实时的内部温度信息。说明本方法能够在实际运行中指导模组的运行，维持电池的健康状态，具有很高的实用价值。

10.3.2　内部短路条件下的内部温度感知预警

内部短路是锂离子电池面临的威胁之一，主要由以下两方面因素产生：长期运行时负极产生的锂枝晶、集流体脱落的毛刺刺穿隔膜；电池遭遇机械碰撞导致穿刺或挤压变形，刺穿隔膜。内部短路有可能导致电池短时间内局部温度升高至触发放热副反应，从而造成热失控。内部短路具有高度的不确定性和不可预测性，并且实际应用中没有有效的方法直接感知内部短路情况。在电池运行时，只能通过内部短路后引起的特征变化来实时感知内部短路，发出安全预警。

为了验证基于单频点动态阻抗标定的内部温度感知预警方法对于内部短路引起的温度升高的感知能力，这里设计了针刺实验来模拟内部短路，并使用不同直径的钢针和刺入深度来模拟不同的内部短路程度。针刺模拟内部短路测试平台如图 10-14 所示。

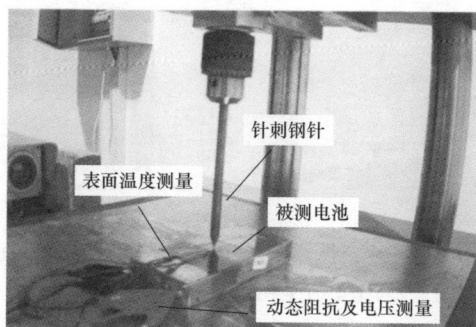

图 10-14　模拟内部短路实验平台部署

将一个完全充满并提前经过 4h 静置的 13Ah 磷酸铁锂方形铝壳电池（厚度为 20mm）平放在针刺测试平台上（环境温度 6℃），使用直径为 3mm 的钢针在三个时刻插入不同的深度（5、10、18mm），记录实验过程中电池的电压、表面温度和 70Hz 动态阻抗，并通过 70Hz 阻抗计算内部温度。图 10-15 是 3mm 钢针刺入实验的曲线图和现场图片，关键时刻和参数整理见表 10-4。

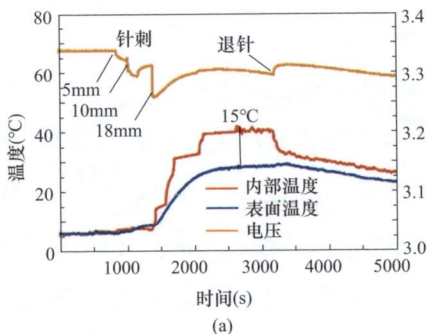

(a)

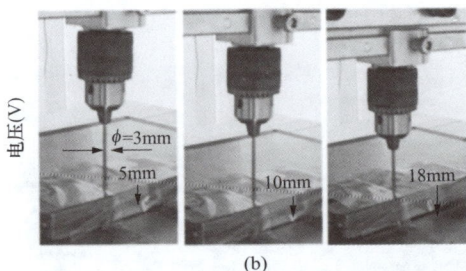

(b)

图 10-15　3mm 钢针刺入实验的曲线图和现场图片

（a）3mm 钢针刺入实验的曲线图；（b）3mm 钢针刺入实验的现场图片

表 10-4　内部短路测试中的电池表面温度和内部温度
（3mm 钢针测试）

时间（s）	状态	表面温度（℃）	内部温度（℃）
0	实验开始	6.1	5.9
841	插入 5mm	6.2	6.9
1026	插入 10mm	6.9	7.5
1814	插入 18mm	20.8	31.3
2622	内部温度超过 40℃	28.2	40.1
3196	退针	28.5	37.4
5000	实验结束	23.1	26.1

如图 10-15（a）所示，前两次针刺（5mm 和 10mm）没有引起内部温度和表面温度的变化，第三次针刺后内部温度快速升高，同时表面温度也开始缓慢升高，说明通过感知内部温度确实及时发现了电池由于内部短路引起的温度升高。在钢针退出前，内部温度达到了 40.8℃，同时表面温度只有 25.8℃，内外温度差最高达到了 15℃。在钢针退出后内部温度迅速减小，与表面温度的差异也逐渐减小，实验结束时（5000s）只相差 3.0℃。

为了基于单频点动态阻抗标定的内部温度感知预警方法面对更加严重的内部短路的效果，这里又设计了 8mm 钢针插入实验。将另一个完全充满和静置的 13Ah 磷酸铁锂方形铝壳电池平放在针刺测试平台上（环境温度 6℃），使用直径为 8mm 的钢针在三个时刻插入不同的深度（5、10、18mm），记录电压、表面温度和 70Hz 阻抗，并通过 70Hz 阻抗计算内部温度，图 10-16 是 8mm 钢针刺入实验的曲线图和现场图片，关键时刻和参数整理见表 10-5。

第一次针刺（5mm）就引起了内部温度小幅度的升高，而表面温度没有表现出明显的变化，说明内部温度预警具有很高的灵敏度。第二次针刺（10mm）后内部温度加速升高，表面温度也开始升高，但幅度和速度均不及同时刻的内部温度，再次体现了内部温度灵敏度。第三次针刺（18mm）后内部温度以最快的速度达到 70.2℃，表面温度也迅速升高到 38.2℃ 并

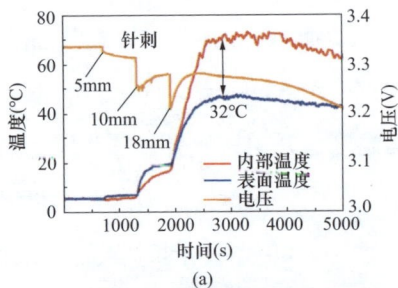

(a)

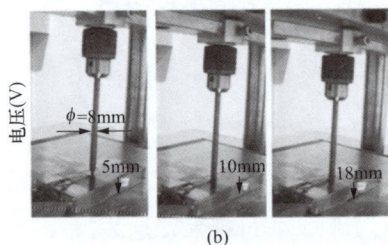

(b)

图 10-16　8mm 钢针刺入实验的曲线图和现场图片

（a）8mm 钢针刺入实验的曲线图；（b）8mm 钢针刺入实验的现场图片

**表 10-5　内部短路条件下的电池表面温度和内部温度
（8mm 钢针测试）**

时间（s）	状态	表面温度（℃）	内部温度（℃）
0	实验开始	6.0	6.0
686	插入 5mm	5.9	6.0
1300	插入 10mm	7.4	7.7
1900	插入 18mm	19.9	18.1
2144	内部温度超过 40℃	35.8	40.1
2251	内部温度超过 50℃	36.1	50.2
2259	表面温度超过 40℃	40.0	51.2
5503	退针	41.6	—
5552	实验结束	42.9	—

保持稳定，内外温度差异达到 32℃。钢针退出后内外温度都开始降低，并逐渐接近。

以 50℃ 作为预警阈值，内部温度在 2251s 超过 50℃，此时距离钢针插入 18mm 的时刻过去了 351s。而表面温度在整个过程中都没有超过 50℃，原因是外部环境温度过低（6℃），并且内部短路的程度不够。即使以 40℃ 作为阈值，内部温度在 2144s 超过 40℃，比钢针插入 18mm 的时刻仅过去了 244s。外部温度在 2259s 超过 40℃，比内部温度越过 40℃ 晚 115s，说明依据内部温度进行的预警具有很高的实时性。

综合以上两次测试可知，基于单频点动态阻抗的内部温度感知方法在预警内部短路引起的电池事故中具有高灵敏度和实时性。

10.3.3 过充条件下的内部温度感知预警

在长期运行中，电池管理系统存在一定的失效概率，比如电压测量失效有可能导致电池过充。在过充条件下，电池内部温度会迅速升高，表面温度在热传导的作用下，升温较慢且落后于内部温度。基于单频点动态阻抗标定的内部温度预警方法可以检测到过充引起的内部温度升高，对于过充的预防能够起到一定作用。

本节的方法可以通过单频点动态阻抗实时快速地感知电池的内部温度，并基于内部温度越限情况发出预警。实验步骤设计如下：首先将经过完全放电和完全静置的 13Ah 磷酸铁锂方形铝壳电池放入防爆舱中；然后以 1C 的电流连续充电，直到发生热失控，监测电压、表面温度和 70Hz 阻抗，并通过70Hz 阻抗实时计算内部温度，得到图 10-17，关键时刻和参数整理见表 10-6。图 10-18 是典型时刻的照片，并且标注了时间 t 和电压 U、表面温度 T_s、内部温度 T_i。

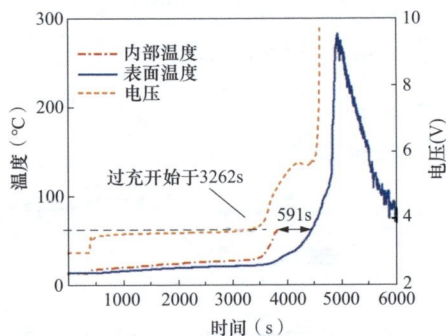

图 10-17　过充条件下的内部温度、表面温度和电压

表 10-6　　　　过充测试中的关键时间和参数

时间（s）	状态	表面温度（℃）	内部温度（℃）	电压（V）
0	实验开始	14.1	14.0	2.98
400	开始充电	14.1	16.1	3.34
3262	开始过充	22.1	28.3	3.60
3720	内部温度越限	25.3	50.1	4.63
4311	表面温度越限	50.1	—	5.61
4882	热失控开始	266.8	—	—

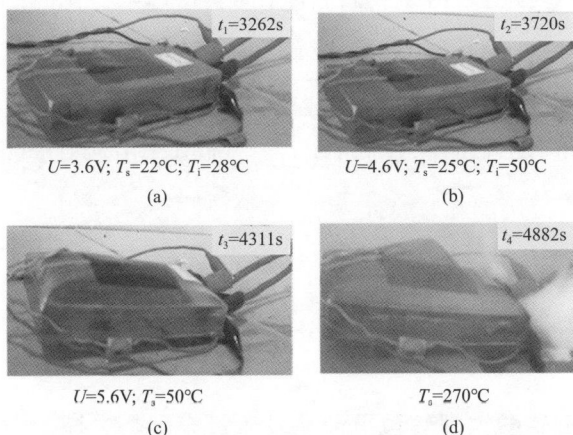

$U=3.6V; T_s=22°C; T_i=28°C$

(a)

$U=4.6V; T_s=25°C; T_i=50°C$

(b)

$U=5.6V; T_s=50°C$

(c)

$T_0=270°C$

(d)

图 10-18 过充条件下的电池实拍图（带时间、电压、内外温度标记）

（a）开始过充；（b）内部温度越限；（c）表面温度越限；（d）热失控开始

如图 10-17 所示，在充电开始前（0~400s）内部温度与表面温度是恒定且一致的，都保持在 14.1℃，电压也保持在 2.98V 的起始水平。正常充电过程中（400~3262s），电压、内部温度与表面温度都正常增长，并且内部温度增长的速度略高于表面温度。在刚刚充满的时刻（3262s），表面温度为 22.1℃，内部温度已达到 28.3℃。相比充电开始时，表面和内部温度分别增长了 7.0℃ 和 14.2℃。说明即使在正常充电中，内外温度的差异也是不可忽视的，这也体现了内部温度感知对于保证电池健康的重要性。

如图 10-17 所示，在过充期间（3262~4882s），内部温度首先开始急速升高，在 3720s 到达 50℃。同时表面温度仅为 25.3℃，电池的外形也没有发生任何鼓包，无法提供任何报警信息。如果将 50℃ 作为限值，表面温度在 4311s 越限，比内部温度越过该限值晚了 591s。如果继续充电，将在 4882s 发生热失控。表面温度越限时间比热容失控时间早 571s，而内部温度越限时间比热容失控时间早了 1162s，说明基于内部温度的预警方法更具有灵敏度和及时性。

10.4　动态阻抗斜率转变预警热失控原理

典型磷酸铁锂软包电池从发生过充到热失控的内外部变化过程如图 10-19 所示，其中时间轴下面的示意图表示对应时间照片中电池的形状，可以看到电池发生了明显的鼓包。

图 10-19　锂离子电池过充到热失控外形变化示意图

在刚刚过充时电池的外形没有明显变化，但此时已有副反应在内部发生，有机电解液中会产生微量的气体；产气时刻，随着微量气体积累变多，电池的内部压力增大，逐渐鼓

起；鼓包时刻，内部压力超过电池外壳的承受极限，电池开始
破裂，并放出内部的可燃性气体；热失控时刻，电池中的有机
电解液、空气中的可燃性气体在前面阶段放热反应积累的高温
中燃烧，电池开始热失控。

电池在正常充电期间，阻抗在内部温度和 SOC 的共同作
用下缓慢减小。热失控之前，有机电解液中填充的气体和被压
力增大的电极距离对阻抗的作用占据主导，使阻抗迅速增大，
如图 10-20（a）所示。预警热失控的阻抗斜率转变特征正是
从正常充电的阻抗缓慢减小特征与产气期间阻抗迅速增大的特
征结合而来，如图 10-20（b）所示。

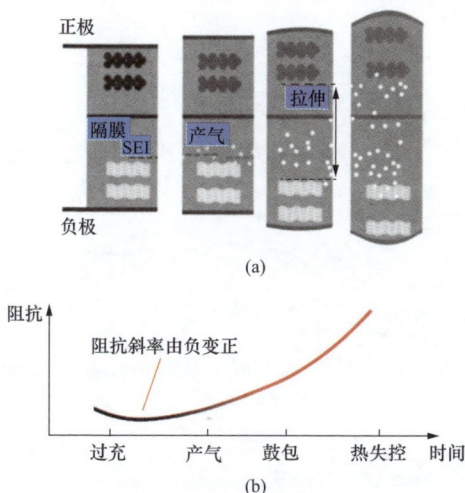

(a)

(b)

图 10-20 过充到热失控期间锂离子电池阻抗特性示意图
（a）产气和电极距离变化；（b）动态阻抗斜率转变特性

如图 10-20（b）所示，阻抗斜率在温度和微量气体对阻抗的作用相同时由负变正，此时电池已经处于过充阶段；随后在气体不断的积累和鼓包中，阻抗斜率持续为正，最终阻抗会大幅度高于正常状态。由于正常充电时温度对阻抗的作用较小，阻抗斜率转变的时间应发生在过充后不久、出现明显鼓包之前，并且早于热失控发生的时间。

10.4.1 内部气体对动态阻抗的影响

热失控前产生的气体会使电极间的距离增大，根据 Pouillet 定律

$$R = \rho \frac{d}{A} \qquad （10\text{-}5）$$

式中：R 为电阻；ρ 为电阻率；d 为电极之间的距离；A 为电极的横截面积。

电极面积 A 是恒定的，电极距离的增大会使 R 增大。此外，ρ 随着温度的增加而增加

$$\rho = \rho_0 \left[1 + \alpha \left(T - T_0 \right) \right] \qquad （10\text{-}6）$$

式中：ρ_0 为参考温度 T_0 对应的电阻率；α 为电阻率的温度系数；T 为当前温度。ρ_0 随温度 T 的增加而增加，也会导致电阻显著增加。

此外，根据平行电容器方程

$$C = \frac{\varepsilon_0 \varepsilon_r A}{d} \qquad （10\text{-}7）$$

式中：C 为电容；ε_0 为绝对介电常数；ε_r 为相对介电常数；A

为电极的横截面积；d 为极板之间的距离。

ε_0 是常数，A 在电池中基本不变。d 随着电池的膨胀而增大，过充副反应产生的微量气体导致电解液的 ε_r 减小。d 和 ε_r 的变化使电池的电容减小。

根据阻抗方程，R 的增大和 C 的减小都将引起阻抗的 $|Z|$ 增大。

$$|Z| = |R + jX| \qquad (10\text{--}8)$$

$$X = -\frac{1}{2\pi fC} \qquad (10\text{--}9)$$

10.4.2　动态阻抗斜率转变特征验证

为了验证热失控前的动态阻抗斜率特征，这里选用 48Ah 磷酸铁锂软包电池进行热失控测试。使用的设备包括动态阻抗测量设备、电压记录仪、电池测试仪、红外热成像仪和可见光摄像机。动态阻抗测量设备和布局如图 10-21 所示。实验步骤如下：首先将电池 SOC 设置为 0%，并静置 4h 待内部状态稳定；然后，以 1.0C 的倍率开始连续充电，在电池发生热失控后停止充电，记录电池的 30、50、70、90Hz 的动态阻抗，每个频率下动态阻抗测量间隔为 30s，同时记录电压、表面温度、可见光图像和红外成像，实验数据如图 10-22 所示，关键实验数据见表 10-7。

如图 10-22（a）所示，在电池开始过充时，表面温度仅

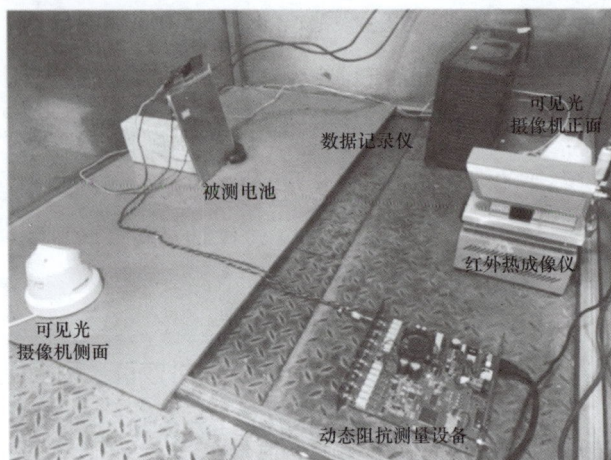

图 10-21　热失控动态阻抗特性测试布局

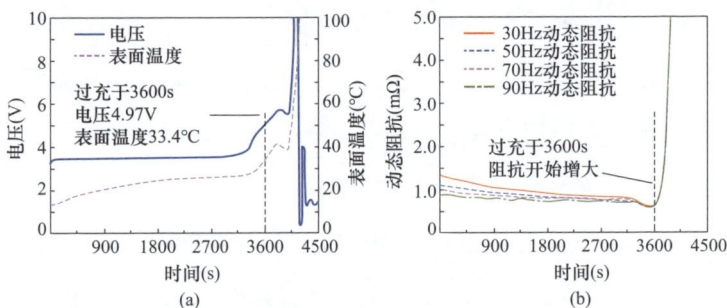

**图 10-22　48Ah 磷酸铁锂软包电池热失控前后电压、
表面温度和动态阻抗曲线**

（a）电压和表面温度特征；（b）典型频点的动态阻抗特征

为 33.4℃，此后缓慢增加，在过充后最初的几分钟内始终低于
40℃。表面温度在 4100s 时急剧增加，此时过充已持续 8min。
直到 3720s 电池形状才发生变化，此时过充已经进行 2min。

在过充后的 3min，电池在 3780s 开始鼓包。在 4020s（过充后 7min）电池开始加速鼓包。在过充 10min 后，电池冒烟并在 4200s 发生热失控。

如图 10-22（b）所示，在 3600s 过充到 3720s 电池形状发生可观测到的变化之前，电池的 30、50、70、90Hz 阻抗已经开始从降低趋势变成升高趋势。阻抗的拐点就在过充的 3600s 附近，且该时刻远远早于热失控开始的时刻（4200s）。正常充电过程中，30、50、70、90Hz 的动态阻抗变化范围很小；在电池过充前 200s 内，阻抗下降速率变快；在过充后 2min 内，动态阻抗缓慢增大；在 3720s 之后，动态阻抗迅速增加。

表 10-7　48Ah 磷酸铁锂软包电池热失控实验关键数据

时间 （s）	状态	表面温度 （℃）	30Hz 阻抗 （mΩ）	50Hz 阻抗 （mΩ）	70Hz 阻抗 （mΩ）	90Hz 阻抗 （mΩ）
0	开始充电	12.9	1.34	1.08	0.98	0.87
3600	过充	33.4	0.63	0.61	0.66	0.67
3720	形状变化	38.6	1.23	1.24	1.28	1.29
3780	开始鼓包	38.6	2.15	2.17	2.19	2.22
4020	加速鼓包	44.4	75.19	76.32	76.85	77.40
4200	开始热失控	218	775.65	780.34	781.41	783.56

典型时刻的电池图片、阻抗及红外成像呈现的极耳和电池中央位置的表面温度如图 10-23 所示。

图 10-23　48Ah 磷酸铁锂软包电池热失控实验可见光图像、
表面温度和 70Hz 动态阻抗

从图 10-23 可以更直观地看出，动态阻抗（尤其是动态阻抗的斜率）适合作为热失控预警指标。首先，热失控之前的动态阻抗特征非常明显。过充后阻抗增大的幅度非常高，所有被测频率的动态阻抗在热失控前都达到了 700mΩ 以上，比正常值增大了 500~900 倍。这是因为正常状态下的锂离子电池内部，正负电极片隔着一层 10μm 左右厚度的隔膜，平均电极距离是 10μm 级别。在鼓包之后，电极之间距离变成了几毫米，比原先的距离大了一百倍左右。此外，由于电解液在高温下挥发，电极之间被空气填充，进一步促使阻抗的增大。其次，预警窗口时间长。阻抗在过充后的 2min 内就开始增大，比发生热失控的时间早 8min。这是因为相对于正常充电时温度和 SOC 对阻抗的影响，过充时副反应产生的气体对阻抗的影响起到了主导作用，在有微量气体产生时就改变了阻抗的变化趋势。

在上述研究基础上，提出基于动态阻抗斜率转变的热失控预警方法：在充电过程中不断测量电池的单频点动态阻抗，计算动态阻抗随时间变化的斜率；如果一段时间内（10~50s）的平均斜率为正，即可判断电池即将发生热失控，发出预警。需要强调的是，由于内部温度和 SOC 对阻抗的减小作用有限，并且测量的动态阻抗有不可避免的抖动，所以在一定时间内的平均斜率大于 0 才能发出热失控预警。为了与前文内部温度预警、过充预警的频率一致，本方法选择 70Hz 动态阻抗的斜率由负变正作为热失控的预警指标。

10.5 预警效果分析

10.5.1 软包电池预警实验

为了验证基于动态阻抗斜率转变的热失控预警的有效性和实际效果，同时检验发出预警时电池的安全状况，这里选用全新磷酸铁锂电池进行了热失控预警实验。在三种常见的储能和动力电池封装中，软包电池具有最高的能量密度，同时因为没有铝壳和圆柱电池那样的金属外壳保护，热失控风险更大，因此本次实验的对象为 48Ah 磷酸铁锂软包电池。

实验步骤为：首先将电池 SOC 设置为 0%，并静置 4h 待内部状态稳定；然后以 1.0C 的电流开始充电，连续测量电池的 70Hz 动态阻抗，同时记录电压、表面温度、可见光图像和红外成像，在 70Hz 动态阻抗斜率明显转变为正时停止充电。热失控预警测试中电池电压、内部表面温度、70Hz 动态阻抗和阻抗斜率的变化曲线如图 10-24 所示，关键实验数据见表 10-8。

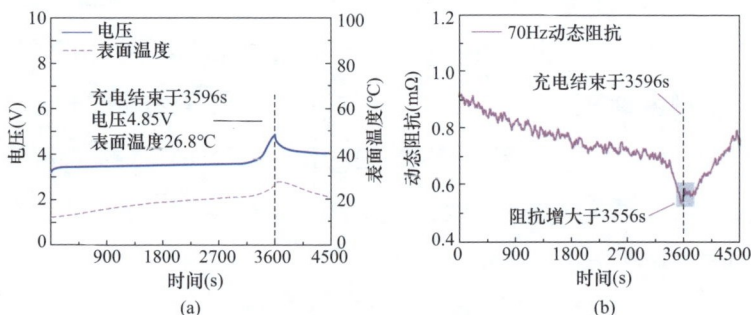

图 10-24　48Ah 磷酸铁锂软包电池热失控预警实验电压、表面温度和 70Hz 动态阻抗曲线

（a）电压和表面温度特征；（b）70Hz 动态阻抗特征

表 10-8　48Ah 磷酸铁锂软包电池热失控预警实验关键数据

时间（s）	状态	电压（V）	表面温度（℃）	70Hz 动态阻抗（mΩ）
0	开始充电	3.25	11.9	0.91
1800	正常充电	3.47	18.6	0.75
3556	阻抗达最低点	4.75	25.5	0.54
3596	停止充电	4.85	26.8	0.57
5400	保护后	3.97	16.2	0.92

如图 10–24 和表 10–8 所示，阻抗在充电期间持续降低，在 3556s 阻抗降到最小值 0.54mΩ。充电停止于 3596s，此时检测到最近 40s 的平均动态阻抗斜率为正，动态阻抗有明显的上升趋势。3600s 附近的阻抗曲线如图 10–24（b）所示，在 3556s 到 3596s 的区间内，动态阻抗持续升高。如果继续充电，电池将在 3676s（开始过充后 2min）开始鼓包。发出预警的时间比鼓包早 80s。

此外，由表 10–8 可以看出，在短暂的过充期间（3556~3596s），表面温度保持在 30℃ 以下（最高温度为 26.8℃），过充之前电压已超过 3.6V。停止充电后，表面温度缓慢下降并最终降低至环境温度，没有出现先前实验中温度急剧上升的情况。

关键时刻的电池图片、阻抗及可见光成像、电池中央位置的表面温度及 70Hz 动态阻抗如图 10–25 所示。

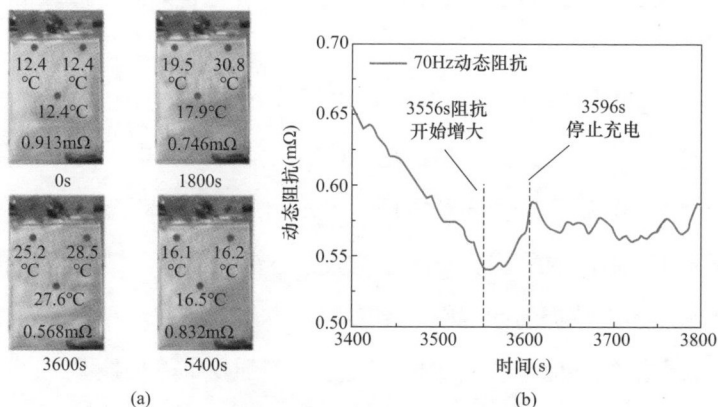

图 10-25　48Ah 磷酸铁锂软包电池热失控预警实验可见光图像、
表面温度和 70Hz 阻抗曲线
（a）典型时刻可见光图像、表面温度和 70Hz 动态阻抗；（b）过充期间动态阻抗

如图 10-25（a）所示，在经过 40s 的过充之后，电池在 3600s 的形状相比充电前（0s）和充电中（1800s）没有发生明显变化。将电池充分静置后，没有发生热失控事故，并且外观也没有发生变化（5400s）。在实验结束后，在原位使用安时积分法对电池进行容量测试。结果表明，该电池仍然可进行正常的充放电循环，容量保持在 82.04% 左右，说明经过热失控预警和保护后，该电池结构没有被完全破坏。

10.5.2 方形铝壳电池预警实验

所提方法还需要在不同封装、充电电流的电池上进行预警效果测试以验证可靠性，考虑到目前储能系统和新能源汽车中使用最多的是方形铝壳电池，这里进行 24Ah 磷酸铁锂方形铝壳电池热失控预警实验，并设置了与上一节实验不同的充电倍率。

实验步骤设计为：首先将电池 SOC 设置为 0%，并静置 4h 待内部状态稳定；然后以 0.5C 的电流开始充电，连续测量电池的 70Hz 动态阻抗和电压，同时计算 70Hz 动态阻抗的斜率，当 50s 内的平均斜率为正时发出热失控预警。为了检验预警比热容失控提前的时间，本实验在发出热失控预警之后不采取断电措施，而是让电池持续过充，直到发生热失控。

发出预警时和发生热失控前的电池图像如图 10-26 所示，实验期间的 70Hz 动态阻抗、电压数据见表 10-9。

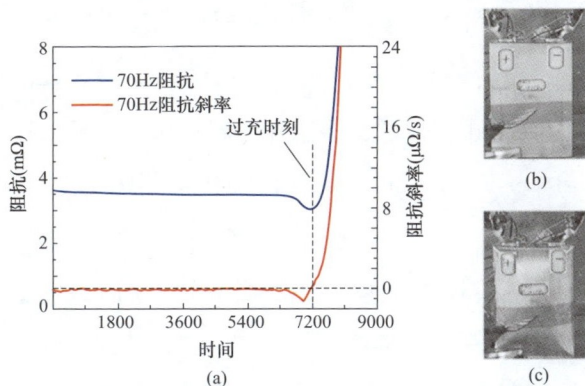

图 10-26　24Ah 磷酸铁锂方形铝壳电池 70Hz 动态阻抗
和斜率曲线及外形变化

（a）70Hz 动态阻抗和斜率；（b）预警时电池外形；（c）热失控前电池外形

表 10-9 24Ah 磷酸铁锂方形铝壳电池热失控预警实验关键数据

时间（s）	状态	电压（V）	70Hz 阻抗（mΩ）
0	开始充电	2.82	3.60
3600	正常充电	3.39	3.48
7023	阻抗达最低点	3.65	2.97
7080	发出预警	3.82	3.00
8337	发生热失控	—	41.30

如图 10-26（a）和表 10-9 所示，阻抗在充电期间持续
降低，在 7023s 阻抗降到最小值 2.97mΩ。在 7080s 检测到最
近 50s 的阻抗斜率持续为正，并发出预警。最终电池在 8337s
热失控，预警比热容失控早约 21min。如图 10-26（b）和图
10-26（c）所示，在过充与热失控之间（7023~8377s），电

池持续发生副反应，内部气体积累使铝壳发生膨胀。气体产生的膨胀使电池的动态阻抗进一步增大，在热失控前达到了 $27.19\text{m}\Omega$，高于正常范围。热失控前阻抗增大的幅度小于软包电池，是因为方形铝壳电池的外壳对电极的限制大，电极距离只能小幅度增加。

综上，本实验验证了通过动态阻抗斜率由负变正来预警热失控，在方形铝壳电池上也是有效的。虽然热失控前阻抗升高的幅度不如软包电池，但对于热失控预警来说仍是及时有效的。

10.5.3 退役电池预警实验

考虑到退役锂离子动力电池仍有较大的梯次利用价值，还会作为储能系统、通信基站的电池产生新的效益。为了实现更全面的热失控保护，所提方法还需要在退役电池上进行预警效果测试以验证可靠性。这里选用容量只有额定值 92% 的 20Ah 磷酸铁锂软包电池进行了预警测试，检验预警效果。

实验步骤设计为：以 1.0C 的电流将软包电池从 SOC 为 0% 开始充电，连续测量电池的 70Hz 阻抗和电压，同时计算 70Hz 动态阻抗的斜率，当 50s 内的平均斜率为正时发出预警。本实验同样对电池持续过充，直到发生热失控。

退役电池热失控预警测试中 70Hz 动态阻抗和斜率曲线及关键实拍图如图 10-27 所示，关键实验数据见表 10-10。

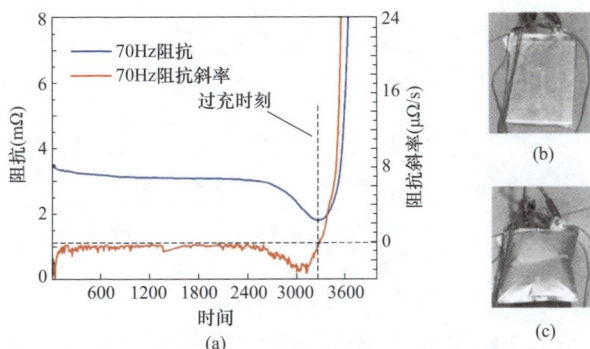

图 10-27　退役电池热失控预警测试中 70Hz 动态阻抗
和斜率曲线及外形变化

（a）70Hz 动态阻抗和斜率；（b）预警时电池外形；（c）热失控前电池外形

表 10-10　退役磷酸铁锂电池热失控预警试验关键数据

时间（s）	状态	电压（V）	70Hz 阻抗（mΩ）
0	开始充电	2.82	3.51
1800	正常充电	3.37	3.12
3256	阻抗达最低点	3.38	1.84
3291	发出预警	3.38	1.86
4481	发生热失控	—	1155

　　如图 10-27（a）和表 10-10 所示，阻抗在充电期间持续
降低，在 3256s 阻抗降到最小值 1.84mΩ。在 3291s 检测到最
近 50s 的阻抗斜率持续为正，并发出预警。最终电池在 4481s
热失控，预警比热容失控早约 20min。如图 10-27（b）和图
10-27（c）所示，在过充与热失控之间（1800~4481s），电池
持续发生副反应，内部气体积累使软包电池发生膨胀。气体产

生的膨胀使电池的动态阻抗进一步增大，在热失控前达到了
1155mΩ，高于正常范围。

　　以上实验结果表明，动态阻抗在过充时快速增大具有可
靠的电化学解释，对该特征在不同封装、容量、老化程度的
电池上进行了验证，结果表明各频率动态阻抗特性一致。30、
50、70、90Hz 动态阻抗曲线在快速升高阶段几乎是重合的，
说明此期间增大的容抗远低于电阻，预警特征不会因频率选择
而出现明显区别，即通过动态阻抗斜率转变特征对退役电池进
行热失控预警的方法是有效的。

11

磷酸铁锂电池故障量化关系与预警试验

特征声音和特征气体感知的研究成果可以为开发非接触式热失控预警系统提供技术支撑；关键特征频点与电池全生命周期的状态关系可以为开发电池状态感知系统提供理论指导和技术支撑。促进动力电池监测系统及管理系统技术创新，成果可扩大应用于储能电池全生命周期内的定期维护、故障预警，有效预防安全事故发生。提升储能电站运维安全性，无论对充电或静置的锂离子电池都能有效监测其安全状态，有助于在保障安全的前提下提高运维人员工作效率。

11.1 基于信号的故障诊断方法

电池安全状态估计的主要方法可分为三类：直接测量方法、基于模型的方法和数据驱动方法。这三类都包含多个特定的方法。直接测量方法通过实验测量电池的最大容量或内阻来估计健康状态。容量测量通常是在特定的标准工作条件下，对锂离子电池进行 100% 深度的充放电，通过安培计数法获得电池容量。基于模型的方法主要包括电化学模型和等效电路模型 ECM。电化学建模方法精度高，从细胞内部反应机理的分子水平角度构建，可以洞察其内部微观工作机制。ECM 是从电路的角度构建的，该电路由理想电压源、电容、电阻和恒相元件组成，并用于描述非理想电双层电容的行为。数据驱动方法是将细胞视为黑盒，无须研究其复杂的化学和内部结构。这些方法从历史运行数据中挖掘老化信息，利用预训练的模型实现电池的 SOH 估计。SOH 真实值的标定通常采用直接测量法。由于老化特性单一，对设备精度要求高，直接测量的估计精度不理想。然而，电化学建模方法具有很高的复杂性，并且包含大量无法从外部测量的参数。因此，电化学建模方法一般只在实验室进行理论研究，在实际工程中应用甚少。

为了使得电池健康状态具有强鲁棒性和高适应性，将 XGBoost 和自适应卡尔曼滤波相结合，可以综合利用 XGBoost 算法建立了数据驱动的在线估计模型，并引入卡尔曼滤波，利用基于时域递归 XGBoost 状态方程修正了历史数据对模型的不利影响。这种方法提高了模型的准确性和鲁棒性，使最终估计结果更加平稳和准确。

11.2　基于信号的故障诊断技术原理

11.2.1　XGBoost 算法原理

XGBoost 算法是 2015 年由华盛顿大学陈天奇基于梯度提升的理念提出的一种优化算法，由于其优良的学习能力和高效的学习速度得到广泛关注。XGBoost 算法中的加权分位数法搜索近似最优分裂点、并行和分布式计算、基于分块技术的大量数据高效快速处理方法，使模型的计算速度和预测精度都有很大的提高；采用基于决策树的稀疏感知算法对特征值有缺失的样本可以自动学习出它的分裂方向，提高了在测试集特征缺失情况下估计结果的准确性；与 GBDT、AdaBoost 相比较，由于加入了正则化项的结构损失函数作为优化目标函数，避免了模型过拟合问题，提高了模型的适应性。

本节使用的 XGBoost 算法是基于 CART 回归树的集成学习。CART 分类决策树使用基尼指数来选择划分特征。Gini 指数是指在样本数据中某个随机选中的样本被分错的概率。Gini 指数的数值大小表示选中样本被分错的概率大小，其数值越小

说明集合的纯度越高，即 Gini 指数（基尼不纯度）等于样本被选中的概率乘以样本被分错的概率。基尼系数的公式如下所示

$$Gini(p) = \sum_{k=1}^{K} p_k(1-p_k) = 1 - \sum_{k=1}^{K} p_k^{\,2} \qquad (11-1)$$

式中：p_k 为选取的样本属于 k 类别的概率，样本被分错的概率是（$1-p_k$）。

对于一个样本集合 D 的基尼指数为

$$Gini(D) = 1 - \sum_{k=1}^{K} \left(\frac{|C_k|}{|D|} \right)^2 \qquad (11-2)$$

将某个特征 A 按 v 个不同取值将数据集分为 v 个子集（D_1, D_2, $\cdots$, D_v），寻找 Gini 指数最小，即信息增益最大的值作为分裂点。则特征 A 对数据集合 D 的基尼指数式为

$$Gini(D,A) = \sum_{y=1}^{V} \frac{|D^v|}{|D|} Gini(D^v) \qquad (11-3)$$

建立回归决策树时采用使样本 Gini 指数最小的特征作为分裂节点的属性。对于任意划分数据的某特征 A，假设将对应的划分点 s 两边划分成数据集 D_1 和 D_2，选取使 D_1 和 D_2 各自集合的 Gini 指数最小，同时 D_1 和 D_2 的 Gini 指数最小所对应的特征和特征值划分点。表达式为

$$\min \left[\min_{c1} \sum_{x_i \in D_1(A,s)} (y_i - c_1)^2 + \min_{c2} \sum_{x_i \in D_2(A,s)} (y_i - c_2)^2 \right] \quad (11-4)$$

式中：c_1 为 D_1 数据集的样本输出均值；c_2 为 D_2 数据集的样本输出均值。遍历特征变量，并对固定特征 A 扫描切分点 s，选

择使式（11-4）达到最小值的最佳切分点（A，s），计算对应叶子结点输出值 c_1、c_2 得到 D_1、D_2 两个子区域。继续遍历特征变量对子区域进行划分，直到样本个数小于阈值或者没有特征，最后将输入样本划分为 m 个子区域 $D_1, D_2, \cdots, D_m$ 生成决策树

$$f(x) = \sum_{m=1}^{M} c_m I(x \in D_m) \qquad (11\text{-}5)$$

XGBoost 算法核心是基于决策树的 Boosting 优化模型，将弱学习器通过迭代组合为强学习器。XGBoost 使用 CART 回归树作为弱学习器，首先确定树的最优结构（叶子结点数、深度等），并采用分步前向加性模型，在每次生成单棵树时将上一次分错的数据权重调高再作用于当前树，通过不断加入树来逐步降低模型的整体误差，直到训练结束。

XGBoost 训练对于每一棵树其模型可以写成

$$f_t(x) = w_{q(x)}, \ w \in R^{\mathrm{T}}, q : R^d \{1, 2, \cdots, T\} \qquad (11\text{-}6)$$

式中：w 为叶子结点得分值；x 为输入的样本数据；$q(x)$ 为样本 x 对应的叶子结点；T 为该树的叶子结点个数。往模型中加入第 t 棵树公式如下

$$\hat{y}_i^{(t)} = \sum_{k=1}^{t} f_k(x_i) = \hat{y}_i^{(t-1)} + f_t(x_i) \qquad (11\text{-}7)$$

对于单棵 CART 树的训练首先需要确定目标函数

$$Obj(\theta) = \sum_{i=1}^{n} L\left(y_j, \hat{y}_i^{(t)}\right) + \sum_{k=1}^{t} \Omega(f_K) \qquad (11\text{-}8)$$

目标函数分为损失函数 L 和正则化项 Ω 两部分。作为回归问题损失函数通常选择 L_2 损失（预测值与真实值残差的平

方）来评价模型拟合程度，正则化项用来对模型的复杂度进行惩罚防止过拟合。正则化项定义为

$$\Omega(f_t) = rT + \frac{1}{2}\lambda\Sigma_{j=1}^{T}w_j^2 \qquad (11-9)$$

式中：T 为叶子节点数；w_j 为叶子结点分数的 L_2 正则；r 和 λ 用来控制树复杂度的参数。

由此可计算正则化项，再将式（11-6）、式（11-7）、式（11-9）代入目标函数，并用二阶泰勒公式展开得到第 t 棵树叶子节点形式

$$\begin{aligned}
Obj^t(\theta) &= \sum_{i=1}^{n}\left(g_i w_{q(x_i)}\frac{1}{2}h_i w_{q(x_i)}^2\right) + \frac{1}{2}\lambda\sum_{j=1}^{T}w_j^2 \\
&= \sum_{j=1}^{T}\left[\left(\sum_{i\in I_j}g_i\right)w_j + \frac{1}{2}\left(\sum_{i\in I_j}h_i + \lambda\right)w_j^2\right]
\end{aligned} \qquad (11-10)$$

令 $G_j = \sum_{i\in I_j}g_i$，$H_j = \sum_{i\in I_j}h_i$ 代入式（11-10）并将目标函数对 w_j 求偏导，令导函数为 0，解得

$$w_j^* = -\frac{G_j}{H_j + \lambda} \qquad (11-11)$$

代入到目标函数中得

$$Obj^* = -\frac{1}{2}\sum_{j=1}^{T}\frac{G_j^2}{H_j + \lambda} + rT \qquad (11-12)$$

Obj^* 作为评价单个 CART 回归树结构好坏的标准，XGBoost 从深度为 0 的树开始枚举所有特征的分裂方案并计算其目标函数值来确定树的最优结构。当树达到最大深度，样本权重和小于设定阈值（叶子节点样本过少）时则停止建立决策树。每棵树抽取的样本比例由设置参数控制，通过调整参数最终完成 1 棵树的最优结构训练。

　　XGBoost 在训练完成一棵树后采用 Boosting 进行下一轮的训练（下一棵树的目标函数里包含了之前的预测结果），不断通过迭代得到最优模型结构。XGBoost 在进行一次迭代后，会将叶子节点的权重乘上学习率，为了削弱每棵树的影响让后面的树有更大学习空间。最后确定模型最优迭代次数，即所有决策树的数量完成模型的训练。

11.2.2　卡尔曼滤波原理

　　在许多实际工程实践中往往不能直接测量所研究问题的状态值，例如雷达探测中需要根据反射波计算目标位置，而返回的观测值由于受到很多不确定因素影响，导致其夹杂随机噪声干扰测量结果，从而导致估计精度的降低。Rudolph Emil Kalman 在 1960 年提出了一种基于离散时间系统的卡尔曼滤波算法能有效从观测信号中分离干扰信号，降低噪声对预测结果的影响，提高系统状态估计精确度。卡尔曼滤波器已经广泛应用超过 30 年，包括国防、军事、机器人导航、控制、传感器数据融合等许多高科技领域。近年来更被应用于计算机图像处理，例如头脸识别、图像分割、图像边缘检测等领域。

　　卡尔曼滤波算法通过构建描述线性系统的状态方程，将系统输入输出的观测数据代入算法迭代方程进行预测校正，从而实现系统状态的最优估计。卡尔曼滤波算法核心是通过一系列递归方程结合观测参数递归更新估计值。首先建立描述线性

系统离散状态方程如下

$$\begin{cases} x_{k+1} = A_k x_k + B_k u_k + w_k \\ z_k = C_k x_k + D_k u_k + v_k \end{cases} \qquad (11-13)$$

式中：x_k 为系统状态变量；z_k 为观测变量；u_k 为系统外部输入，无外部输入时为 0；w_k、v_k 分别为系统状态噪声和观测噪声。w_k、v_k 为相互独立，均值为零的高斯白噪声。w_k、v_k 的方差分别为 Q、R。

卡尔曼滤波将上一时刻最优状态估计值代入系统状态方程推算先验状态估计，在得到观测值后利用卡尔曼增益将某一个时刻的测量值通过乘积记录在下一时刻的后验估计值之中，即某一时刻的后验估计是由前一时刻的后验估计和当前的观测值权衡之后得到的概率最大值，因此当前后验估计是对先验估计的优化。卡尔曼滤波将估计值和真实值的误差用协方差 P_k 表示，表达式如下

$$P_k = E\left[\left(x_k - x_k^+\right)\left(x_k - x_k^+\right)^{\mathrm{T}}\right] \qquad (11-14)$$

式中：x_k 为待测参数真实值；x_k^+ 为第 k 时刻估计值。

卡尔曼滤波算法具体迭代步骤如下：

（1）系统初始化

$$\begin{cases} x_0^+ = E[x_0] \\ P_0^+ = E\left[\left(x_0 - x_0^+\right)\left(x_0 - x_0^+\right)^{\mathrm{T}}\right] \end{cases} \qquad (11-15)$$

（2）先验状态估计

$$x_k^- = A_{k-1} x_{k-1}^+ + B_k u_{k-1} \qquad (11-16)$$

（3）误差协方差先验估计

$$P_k^- = A_{k-1} P_{k-1}^+ A_{k-1}^{\mathrm{T}} + Q \qquad (11\text{-}17)$$

（4）计算卡尔曼增益

$$K_k = P_k^- C_k^{\mathrm{T}} \left(C_k P_k^- C_k^{\mathrm{T}} + R \right)^{-1} \qquad (11\text{-}18)$$

（5）系统状态更新

$$x_k^+ = x_k^- + K_k \left(z_k - C_k x_k^- - D_k u_k \right) \qquad (11\text{-}19)$$

（6）后验协方差估计

$$P_k^+ = P_k^- \left(I - K_k C_k \right) \qquad (11\text{-}20)$$

（7）$k=2$，3，4…重复步骤（2）~（6）递推。

卡尔曼滤波算法在已知系统状态的第 $k-1$ 时刻估计值 x_{k-1}^+ 和系统输入 u_{k-1} 条件下，估计出 k 时刻系统状态 x_k^-，结合当前观测值 z_k 计算出最优估计 x_k^+，过滤数据中高斯白噪声，快速跟踪状态和参数的变化，在参数估计中被广泛应用。

11.2.3　自适应滤波原理

基于 Sage-Husa 自适应卡尔曼滤波（AKF）是由经典卡尔曼滤波算法和噪声估计器两部分构成，自适应调整过程是指在卡尔曼滤波迭代更新状态过程中，通过时变噪声统计估计器实时修正系统误差和观测误差，从而达到降低噪声干扰和提高模型精度目的。自适应卡尔曼滤波方程如下

$$\begin{cases} x_k = A_{k-1} x_{k-1} + B_{k-1} u_{k-1} + q_{k-1} \\ z_k = C_{k-1} x_{k-1} + D_{k-1} u_{k-1} + r_{k-1} \end{cases} \qquad (11\text{-}21)$$

自适应卡尔曼滤波噪声估计器如下

$$e_k = z_k - H_{k-1}x_{k-1} - r_{k-1} \qquad (11\text{-}22)$$

$$r_k = \left(1 - d_{k-1}\right)r_{k-1} + d_{k-1}\left(z_k - H_k x_{k-1}\right) \qquad (11\text{-}23)$$

$$q_k = \left(1 - d_{k-1}\right)q_{k-1} + d_{k-1}\left(x_k - A_k x_{k-1}\right) \qquad (11\text{-}24)$$

$$Q_k = \left(1 - d_{k-1}\right)Q_{k-1} + d_{k-1}\left(K_k e_k e_k^{\mathrm{T}} K_k^{\mathrm{T}} + P_k - A_k P_k A_k^{\mathrm{T}}\right) \qquad (11\text{-}25)$$

$$R_k = \left(1 - d_{k-1}\right)R_{k-1} + d_{k-1}\left(e_k e_k^{\mathrm{T}} - H_k P_k H_k^{\mathrm{T}}\right) \qquad (11\text{-}26)$$

$$d_k = \frac{1-b}{1-b^{k-1}} \qquad (11\text{-}27)$$

式中：r_k 为观测噪声均值；q_k 为系统噪声均值；R_k 为观测噪声方差；Q_k 为系统噪声方差。将噪声估计器加入卡尔曼滤波迭代算法后由时变噪声极大后验估计器在滤波第 k 次迭代后同时动态更新噪声方差 r_{k+1}、q_{k+1}、R_{k+1}、Q_{k+1}。式（11-27）中 d_k 表示遗忘因子，用于降低时间较长的数据对当前 r_k、q_k、R_k、Q_k 的影响，增强临近时刻的数据影响。遗忘因子取值范围 $0 < b < 1$，通常设置为 0.95~0.99 之间，不仅使得最近的观测数据被加重，而且还限制了滤波器的记忆长度。遗忘因子的引入可以调节系统不同时刻的观测量所占的比重。基于 Sage-Husa 自适应卡尔曼滤波通过调整权值来不断适应系统参数的变化，降低模型估计误差。

11.2.4　主成分分析

主成分分析（principal component analysis，PCA）是一种

多变量统计方法，根据最大方差理论通过正交变换将数据 n 维特征转换为 k 维全新的正交特征。重新构造出来的 k 维特征保留了原始数据大部分信息并且特征之间互不相关，主成分分析（PCA）可以在压缩数据的同时让信息损失最小化。数据分析处理中常使用 PCA 用于数据降维，它能在指定的损失范围内最大的简化属性，去除特征间较强相关性对训练过程的冗余干扰，提高模型训练速度和精度，对表 11-1 选择的特征原始数据计算其皮尔逊相关系数，对特征间特征相关性进行分析，皮尔逊相关系数式为

$$r = \frac{\sum_{i=1}^{n}\left(X_i - \bar{X}\right)\left(Y_i - \bar{Y}\right)}{\sqrt{\sum_{i=1}^{n}\left(X_i - \bar{X}\right)^2}\sqrt{\sum_{i=1}^{n}\left(Y_i - \bar{Y}\right)^2}} \quad （11-28）$$

式中：X_i、Y_i 为不同特征样本；$\bar{X}$、$\bar{Y}$ 为对应特征均值。

皮尔逊相关系数介于 -1 到 1 之间，数值越大说明特征间相关性越高，分析结果如图 11-1 所示，图中对角线为特征与本身的相关系数，其数值为 1，表示完全相关。由图可看出从电池充放电曲线中提取的多种特征参量相关度较高，需要对其做 PCA 处理。

PCA 具体步骤如下：

（1）将样本特征数据按行组成 m 行 n 列样本矩阵 X（每行一个样本，每列为一维特征）。

（2）计算电池训练数据集（X）的协方差矩阵 C，协方差

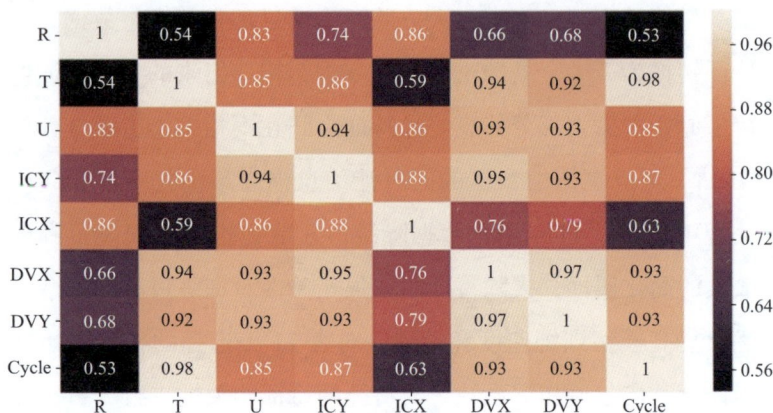

图 11-1　各特征向量间相关系数

公式如下

$$cov\left(X_i, X_j\right) = \frac{\sum_{n=1}^{n}\left(X_i - \overline{X_i}\right)\left(X_j - \overline{X_j}\right)}{n-1} \qquad （11-29）$$

式中：X_i，X_j 为数据集的特征列数据；n 为列样本数。

（3）计算协方差矩阵 C 的特征值 D 和特征向量 V，特征值按照数值降序排列，取前 K 个特征向量 $u_1, u_2, \cdots, u_k$，组成降维转换矩阵 U，得到经过 X 的降维转换 $Z=X \times U$。

训练集特征数据经 PCA 处理结果如图 11-2 所示，由图可以看出选取 PCA 处理后的 1、2、3 维主成分作为新特征，共包含了原数据约 98% 的信息。测试集特征数据应乘以训练集转换矩阵 U 完成测试集的特征重构，将所有数据保存为 CSV 格式准备用于模型的训练和验证。

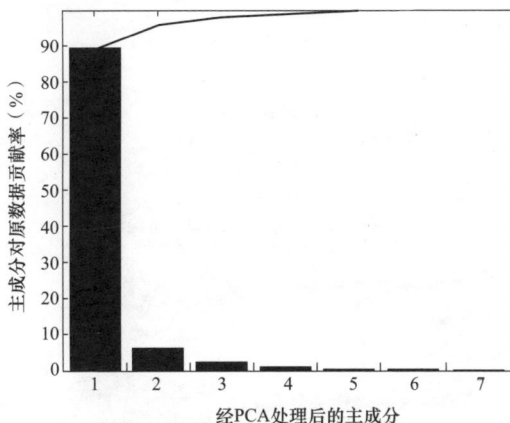

图 11-2　PCA 帕累托贡献图

11.3　基于 XGB-AKF 的电池状态诊断

首先，采用 XGB-AKF 联合估计方法，利用 XGBoost 算法建立电池健康特性与 SOH 之间的非线性映射关系，通过拟合训练数据，构建了基于 XGBoost 算法的某类锂离子电池 SOH 估计模型。然后，通过引入 AKF 算法，建立基于时间序列退化趋势的状态方程对 XGBoost 模型估计结果进行修正，最终实现了基于 XGB-AKF 模型的 SOH 联合最优估计。本节研究了细胞衰老特性，利用高性能细胞测试系统获得了细胞 SOH-cycle 计数的实验数据，如图 11-3 所示。测试电池为磷酸铁锂方形铝盒电池，标称容量为 206Ah。本节将 1、2、3 号电池

EIS 测量的欧姆电阻数据代入基于内阻卡尔曼滤波估计模型对整个生命周期 SOH 估计结果进行验证。

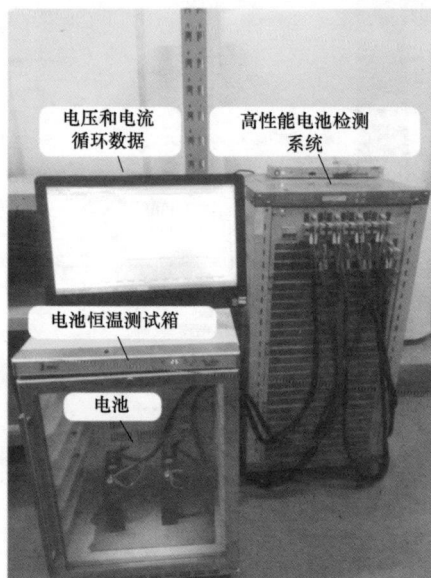

图 11-3　电池充放电实验设备

11.3.1　构建 XGB-AKF 卡尔曼滤波器

卡尔曼滤波算法主要通过时间更新和观测更新将观测值结合先验状态估计对系统状态做最优估计。时间更新是指式（11-16）、式（11-17），将 $k-1$ 时刻系统状态最优估计结果 x_{k-1}^+ 代入状态方程推算 k 时刻的先验估计 x_k^-。观测更新是指式（11-19）、式（11-20），结合当前观测值 z_k 和先验状态估计 x_k^-

修正系统状态 x_k^+。

建立 XGB–KF 模型卡尔曼滤波方程，首选确定系统状态初值，选取电池 SOH 作为状态变量 x_0^+，由于是新电池其初始健康状态 SOH_0^+ 约为 100%，初始误差协方差 P_0^+ 约为 0。由于联合估计模型估计精度主要取决于 XGBoost 模型，卡尔曼滤波器主要起修正滤波作用，因此量测噪声方差 R 设置应小于系统状态噪声方差 Q，具体数值根据经验设置。

由于电池当前 SOH 和循环次数有密切联系，如图 11-4 所示，本节采用 1、2、3 号电池循环次数与 SOH 平均下降趋势拟合的线性方程作为状态方程，则 $A_k=1$，直线斜率为 K_{avg}。

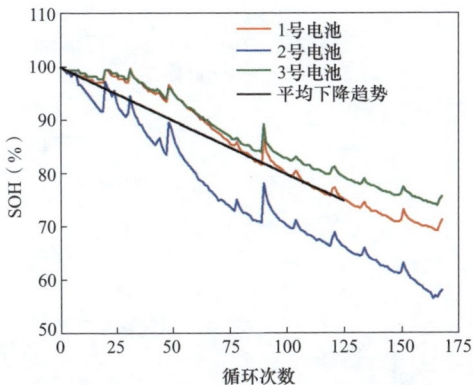

图 11-4 训练集电池 SOH 和循环次数

电池中的反应物在静置一段时间后可能会消散出现电池容量回升现象。经学者研究发现容量回升现象与休息时间有密

切联系。本节将容量回升量作为状态方程外部输入 $U_k=1$（当
休息时间小于阈值 $U_k=0$）。当电池休息时间大于阈值加入容
量回升量，提高模型预测精度。分析研究 1、2、3 号电池休息
时间与 SOH 关系，当休息时间阈值 1h 左右，会出现明显的容
量回升现象，图 11-5 表明通过时间阈值可以判断是否发生

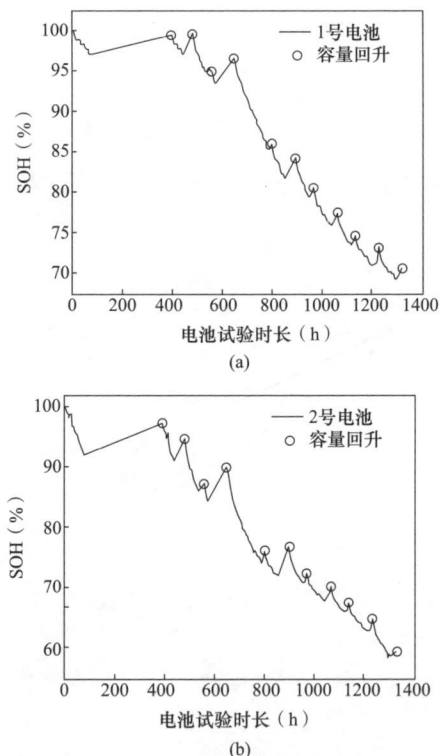

(a)

(b)

图 11-5　电池休息时间大于阈值循环标记

（a）1 号电池；（b）2 号电池

电池休息容量回升。1、2、3 号电池平均休息容量回升量 C_{rest}
为 2%。则先验状态估计方程如下

$$\text{SOH}_k^- = \text{SOH}_{k-1}^+ + K_{avg} + U_k C_{rest} \qquad (11\text{--}30)$$

将 XGBoost 在线估计模型根据电池第 k 次循环提取特征
(f_k) 输出的 SOH 估计结果作为观测量 z_k，则 $C_k=1$，其系统状
态更新方程如下

$$\begin{aligned}
\text{SOH}_k^+ &= \text{SOH}_k^- + K_k \left[XGB(f_k) - \text{SOH}_k^- \right] Gini(p) \\
&= \sum_{k=1}^{K} p_k (1 - p_k) = 1 - \sum_{k=1}^{K} p_k^2
\end{aligned} \qquad (11\text{--}31)$$

确定系统初值和更新方程后代入卡尔曼滤波算法，当电
池每次完成充放电循环后，通过卡尔曼滤波算法权衡观测方程
XGBoost 的估计结果和基于时间序列的先验估计实现联合最优
估计。

11.3.2　实现 XGB-AKF 联合估计方法

设置系统状态初值后，开始代入卡尔曼滤波迭代公式实
现对 XGBoost 估计结果的实时修正。卡尔曼滤波算法将上一次
循环估计值 SOH_{k-1}^+ 代入式（11–30）推算当前循环先验估计
SOH_k^-。状态更新即校正过程，计算卡尔曼增益和观测值代入
状态更新方程式（11–31），权衡观测值和先验估计修正当前
循环电池健康状态 SOH_k^+，更新噪声方差和误差协方差准备下
一次迭代。

自适应卡尔曼滤波器根据其基于确定的初始状态及基于

休息时间和循环次数退化趋势的状态方程校正 XGBoost 估计
结果的误差波动，加入自适应噪声算法增强随机噪声适应性，
并过滤数据中干扰噪声，使最终的估计结果更加平滑和准确。
XGB–AKF 联合估计模型总体结构框架如图 11–6 所示。

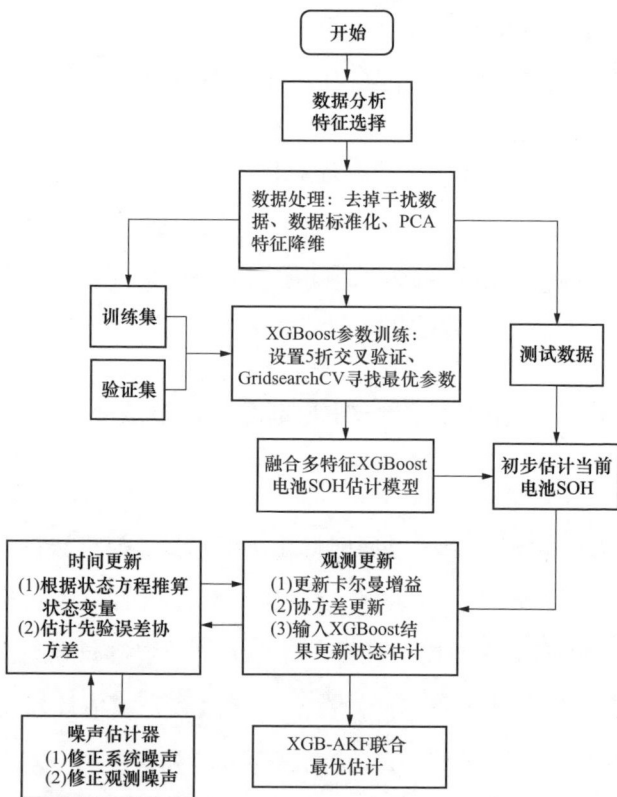

图 11-6　XGB-AKF 模型估计锂离子电池 SOH 框架

11.3.3　结果验证与分析

将 4 号电池作为测试电池验证模型的准确性，利用 1、2、
3 号电池数据完成 XGBoost 模型的训练。将测试电池每次循
环后提取特征数据作为 XGBoost 模型输入，得到初步 SOH 估
计结果后代入联合估计模型卡尔曼滤波器进行校正滤波，最
终得到 4 号电池全部周期的 SOH 联合估计值。将基于 XGB–
AKF 联合估计模型全部周期估计结果与 XGBoost 模型、未
加入自适应滤波处理 XGB–KF 模型估计结果对比如图 11–7~
图 11–9 所示。

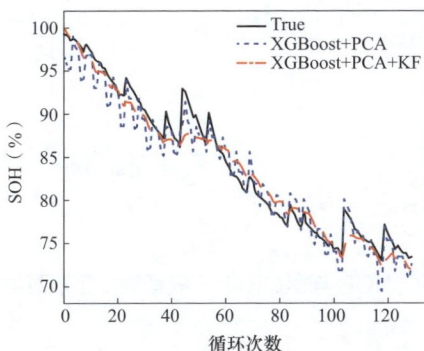

图 11-7　XGB-KF 模型估计锂离子电池 SOH 结果

根据表 11–1 中不同模型的评价指标可得 XGB–KF 和
XGB–AKF 联合估计模型与 XGBoost 测试集估计结果相比其
平均误差分别降低 10.7%、17.1%，均方根误差分别降低了

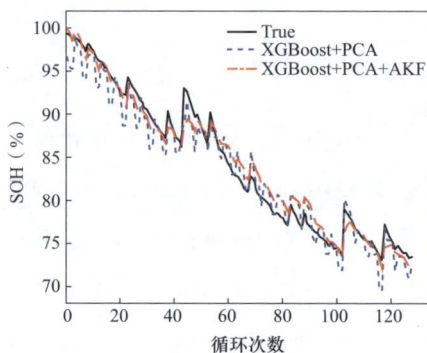

图 11-8　XGB-AKF 模型估计锂离子电池 SOH 结果

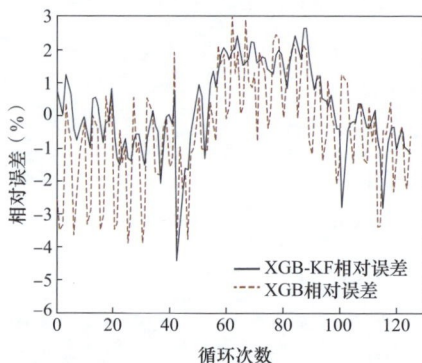

图 11-9　XGB 与 XGB-KF 模型测试集相对误差对比

9.4%、19.4%，表明引入卡尔曼滤波算法后的联合估计模型平均误差和均方根误差都有所降低，估计结果和真实值之间平均误差在 1.2%。加入卡尔曼滤波后预测曲线更加平滑准确，抑制了由于 XGBoost 数据驱动模型受历史数据影响造成的误差波动。引入自适应滤波的 XGB–AKF 与 XGB–KF 相比均方根误

差和平均误差分别降低了 11.0%、7.2%，均方根误差下降程度
较大表明自适应滤波主要增强了联合估计模型的估计适应性和
鲁棒性。

表 11-1　　　基于联合模型估计结果评价指标

估计模型	RMSE（%）	MAE（%）	R^2
XGBoost+PCA	1.80	1.40	0.95
XGBoost+PCA+KF	1.63	1.25	0.95
XGBoost+PCA+AKF	1.45	1.16	0.96

由以上分析表明引入卡尔曼滤波算法的 XGB-KF 联合估
计模型与 XGBoost 模型相比表现出良好的估计精度和稳定性，
降低了 XGBoost 模型受历史数据不确定性影响，使测试集的估
计结果更加平滑准确，基于 XGB-KF 联合估计模型的估计值
和真实值之间平均误差接近或小于 1.2%。XGB-AKF 联合估计
模型中加入了自适应滤波算法，以此提高了模型动态跟踪噪声
能力，增强了联合估计模型的噪声适应性。虽然加入自适应滤
波算法 XGB-AKF 与 XGB-KF 相比平均误差降低效果不明显，
但增强了联合估计模型在电池实际工况中随机噪声适应能力，
进一步提高了联合估计模型的鲁棒性，实现了对锂离子电池健
康状态可靠、稳定的高精度估计。

12

电化学储能电站智能运维分析系统研制与应用

电化学储能电站智能运维分析平台是为分析电化学储能电站的电站运行数据所建立起来的软件系统，主要实现电站数据实时监测、数据分析系统、自动巡检、故障专家库、电池预警、统计报表等功能。让工作人员可以随时随地查看储能电站的运行情况，促使保障电站高效经济安全运行。

经过迭代更新测试，系统可以实现对储能电站的大部分运维场景，包括实时监控、数据分析、故障告警、统计报表等，结合设备分析、巡检优化等研究成果，具备自动巡检、远程故障诊断、数据分析系统、故障运维专家系统、SOC 标定等功能模块，进一步帮助用户监控电站运行情况，提升对电站的数据分析能力，增强主动安全防控能力，解决业内痛点。

12.1 智能运维分析系统样机研制

12.1.1 系统功能

基于 Java、MySQL 开发的系统环境，实现线上自动巡检、远程故障诊断、分析系统、故障运维专家系统、SOC 标定、站点概况指标等功能模块，如图 12-1 所示。

具体功能模块结构见表 12-1。

12.1.2 系统模块设计

本系统主要针对管理员和普通用户的电站基础信息管理和数据分析展示，包括站点自动化巡检、远程故障诊断、系统分析、运维库系统、站点概况、云 BMS 功能的升级与优化。同时对数据进行测点标准化、数据等级化。

（1）线上自动巡检：巡检指标构建与设定、自动化巡检、巡检报告等。

（2）远程故障诊断：设备的故障诊断等。

（3）分析系统：充放电过程分析、设备状态分析、电池簇电压和荷电状态正态分布、单体电压和温度正态分布、单体温差分析、异常单体识别、一致性分析、平滑性分析等。

（4）故障运维专家系统：建立故障运维专家库、专家库数据的增删改查、故障报警的关联方案等。

能源运维平台三期（电科院）

- 线上自动巡检
  - 巡检指标构建和设定（区分充电、放电、静置）
    - 储能系统指标
      - 电量指标
      - 储能效益指标
      - 可靠性指标
    - PCS指标
      - 模拟量指标
      - 开关量指标
      - 通信量指标
    - BMS电池堆指标
      - 通信量指标
      - 模拟量指标
      - 开关量指标
    - BMS电池堆指标
      - 通信量指标
      - 模拟量指标
      - 开关量指标
    - 单体电池组指标
      - 通信量指标
      - 模拟量指标
      - 开关量指标
    - 空调指标
      - 通信量指标
      - 模拟量指标
      - 开关量指标
  - 开启巡检
    - 手动开启巡检
    - 系统自动比对
  - 巡检报告
    - 生成单次巡检报告
      - 巡检情况简述
      - 异常项列别 查看所有巡检项
    - 巡检报告导出
    - 历史报告列表
      - 筛选
      - 查看
- 远程故障诊断
  - 接入算法
    - PCS舱电气设备变工况在线异常辨识
    - 变流器多元故障预判
    - PCS电气设备重要告警信号校验
- 分析系统
  - 充放电过程分析
    - 记录充放电起止时间
    - 每日充放电过程形成曲线
    - 形成充放电模型
      - 堆对比曲线
      - 单个堆单个簇曲线
      - 单个堆单个簇与模型对比曲线
  - 电池正态分布
    - 调节正态分布颗粒度——单体电压正态分布
    - 调节正态分布颗粒度——单体温度正态分布
  - 单体温差分析
    - 单体温差变化速度分析
    - 单体指定时刻温差对绝对温差分布
    - 温度跳跃线告警
  - 异常单体识别
    - 簇SOC和平均电压放电曲线图
    - SOC和电压标准差
  - 一致性分析
    - 计算簇电压、温度的一致性
    - 计算单体的离散程度
    - 标记落后单体、设置阈值
  - 平整性分析
    - 设置阈值
    - 数据跳变分析
- 故障运维专家系统
  - 建立故障运维专家库
    - 常见故障菜单
    - 常见故障的现象表现、可能原因、后果影响
    - 常见故障的排查步骤
    - 常见故障的排除方法
      - 新增
      - 修改
      - 查看
      - 删除
  - 管理和维护故障运维专家库的联系
  - 建立故障智能指导
  - 常见故障告警和维修专家指导
- 站点概况
  - 增加变配电损耗率指标
  - 增加电池失效率指标
- SOC标定
  - 比较堆电池组/单体电池SOC

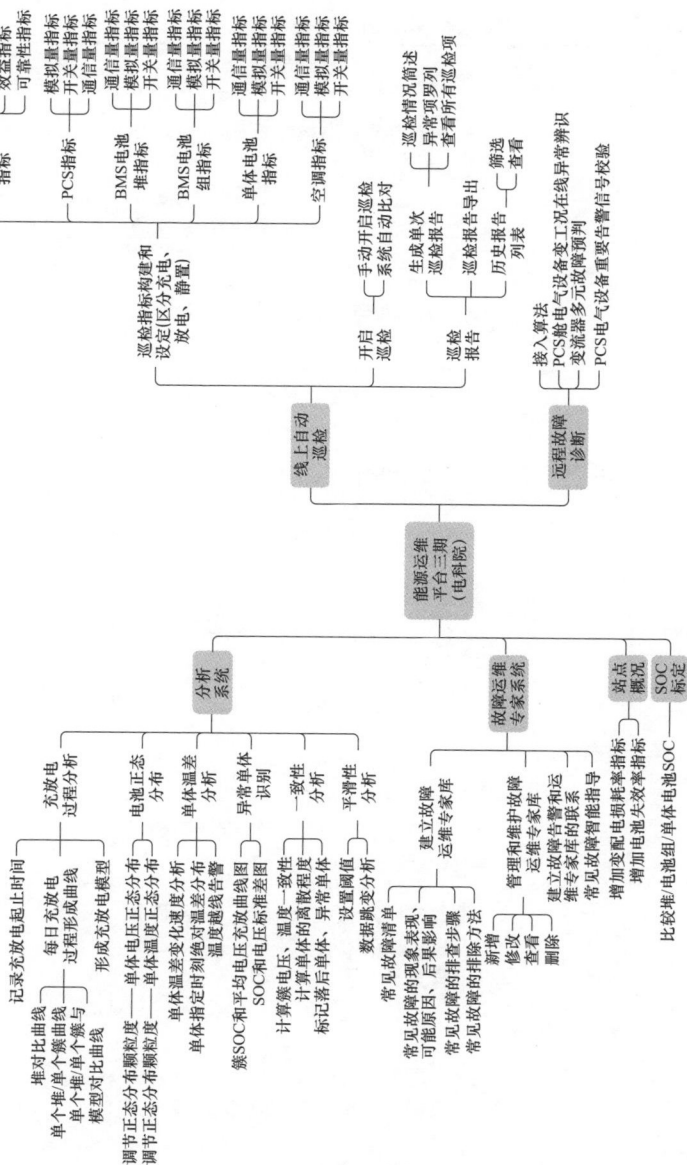

图12-1 系统功能

表 12-1　　　　　　　　具体功能模块结构

功能模块	功能点	功能说明	备注
线上自动巡检	巡检指标构建和设定	储能系统巡检指标构建和标准值设定	
		PCS 巡检指标构建和标准值设定	
		BMS 电池堆巡检指标构建和标准值设定	
		BMS 电池组巡检指标构建和标准值设定	
		单体电池巡检指标构建和标准值设定	
		空调巡检指标构建和标准值设定	
	自动化巡检	（1）通过手工开启方式，开始自动化巡检。 （2）分充电、放电、静置三种状态巡检。 （3）实现所有巡检指标的检查、记录检查值、将检查值和指标范围进行比对，判定结果是否异常	
	巡检报告	生成单次巡检报告。报告内容包含：巡检指标中设定的模拟量、开关量、通信状态等	
		巡检报告导出	
		历史报告列表呈现，分页查询。可通过时间、充放电状态等关键字检索查询	

续表

功能模块	功能点	功能说明	备注
远程故障诊断	设备的故障诊断	PCS 故障分析算法接入，提供数据给故障分析算法，并呈现分析结果。 （1）PCS 舱电气设备变工况在线异常辨识。 1）对 PCS 舱交流侧电压、电流、告警故障状态做相关分析，实现 PCS 舱电气设备异常告警信号输出。 2）完成 PCS 舱异常状态检测算法接入。 （2）变流器多元故障预判。 1）变流器设备运行工况在线识别，实现变工况下变流器多元故障状态在线预判信号输出。 2）完成变流器故障预判算法接入。 （3）PCS 电气设备重要告警信号校验，呈现校验结果，输出 PCS 舱正常 / 异常状态、变流器正常 / 故障状态，提供上述算法源代码	
分析系统	充放电过程分析	以分钟级记录储能电站、各储能单元、设备的充电、放电数据	
		计算并记录充电末端、放电末端、充电完成、放电完成等重要时间节点	

功能模块	功能点	功能说明	备注
分析系统	充放电过程分析	充电过程图。以图形化方式展示充电过程中纵向和横向的关键数据变化。 （1）同一个堆内电池堆和电池组电压、电流、SOC 的变化曲线。 （2）不同堆之间电压、电流、SOC 对比曲线。 （3）不同组之间电压、电流、SOC 变化曲线	
		放电过程图。以图形化方式展示充电过程中纵向和横向的关键数据变化。 （1）同一个堆内电池堆和电池组电压、电流、SOC 的变化曲线。 （2）不同堆之间电压、电流、SOC 对比曲线。 （3）不同组之间电压、电流、SOC 变化曲线	
		形成各电站标准充放电模型	
	设备状态分析	PCS 状态分析： （1）对 PCS 运行状态、通信状态、整体告警故障状态、直流模块故障状态做统计分析，列表查询历史状态。 （2）配合 PCS 功率、三相电压、交流频率、三相电流等曲线图，分析 PCS 运行过程	

续表

功能模块	功能点	功能说明	备注
分析系统	设备状态分析	BMS 状态分析： （1）对 BMS 运行状态、通信状态、电堆故障告警状态、组故障告警状态做统计分析，列表查询历史状态。 （2）配合电池堆电压、电流、SOC 曲线图；电池组电压、电流 SOC 曲线图分析 BMS 运行过程	
		空调状态分析： （1）对空调运行状态、通信状态、故障告警状态做统计分析，列表查询历史状态。 （2）配合温度曲线（带设定的温度上下限）分析空调运行状态	
	电池簇电压和荷电状态正态分布	电池簇实时电压 – 簇之间正态分布柱状图	
		电池簇实时荷电状态（SOC）– 簇之间正态分布柱状图	
	单体电压和温度正态分布	组内单体实时电压正态分布图（复用单体电压分析功能）	
		堆内单体实时电压正态分布图（复用单体电压分析功能）	
		组内单体实时温度正态分布图（复用单体温度分析功能）	
		堆内单体实时温度正态分布图（复用单体温度分析功能）	

续表

功能模块	功能点	功能说明	备注
分析系统	单体温差分析	组内单体温差变化速度分析图。支持温度上下限、温差阈值、指定时间步长配置	
		组内单体指定时刻绝对温差分布图。支持温度上下限、温差阈值、指定时间步长配置	
		温度越线告警：单体温度超过设定上下限，系统产生告警信息和相邻时刻的温差绝对值超过指定温差阈值，系统产生告警信息	
	异常单体识别	组 SOC 和平均电压充放曲线图	
		SOC 和电压标准差图，确定组内单体的离散程度	
	一致性分析	计算充放电末端、静置期各电池组内单体的电压、温度的一致性。显示一致性曲线图表，可通过筛选方式查看不同电池堆、电池组的一致性曲线	
		设定一致性标准（好、中、差三档），判断各个电池组内单体的一致性结果。图表方式呈现一致性结果	
		对一致性差的单体进行标记，并在页面中提示维修	
		自动识别短板或传感器失效的单体电池，在页面中进行提示	

续表

功能模块	功能点	功能说明	备注
分析系统	平滑性分析	数据跳变分析。设定充放电功率、电池堆电压、电池堆电流、电池堆 SOC、组电压、组电流、组 SOC、单体电压、单体温度等数据的阈值（各个阈值不同）	
		记录这些数据的跳变过程，以图表的方式展示。可通过电池堆、电池组等不同参数进行筛选	
故障运维专家系统	故障运维专家系统	建立故障运维专家库。 （1）形成常见故障清单，支持常见故障的查看、检索、维护功能。 （2）常见故障的现象表现、可能的原因和产生的后果影响。 （3）确认常见故障的检查步骤。 （4）排除常见故障的方法和方式	
		管理和维护运维专家库。通过后台可以增加、删除、修改、更新故障库	
		建立故障报警和故障库的关联关系，发生故障告警时，自动从故障库中匹配对应的运维方案	
		实现常见故障的智能指导，辅助运维人员快速决策。 （1）结合故障告警功能，在告警中直接提示所属的故障类型、产生原因、检查步骤和处理方式。 （2）支持运维人员纠错功能，如果实际故障和系统给出的指导不一致，支持运维人员反馈纠错	

续表

功能模块	功能点	功能说明	备注
指标	站点概况	站点概况增加变配电损耗率指标和电池失效率指标	
云BMS	SOC标定	（1）根据云bms计算的SOC，估算电池堆、电池组、单体电池的SOC。 （2）根据计算的SOC和BMS提供的SOC做比对，比较预测值和实际值的差别。 （3）识别SOC估算差异较大的电池堆。 （4）统计差异较大的电池堆到一定数量，给出重新标定指引	

（5）站点概况：增加变配电损耗指标和电池失效率指标等。

（6）云BMS：SOC标定等。

12.1.3 模块功能开发

1. 线上自动巡检

此模块的主要功能是对电站的设备进行数据分析，通过指标的设定，配置所需要巡检的设备，然后对电站的设备进行数据判断，检查出设备的指标是否处于正常区间范围内。指标主要分为系统指标和设备指标两部分。记录巡检结果并生成报告，线上自动巡检业务流程如图12-2所示。

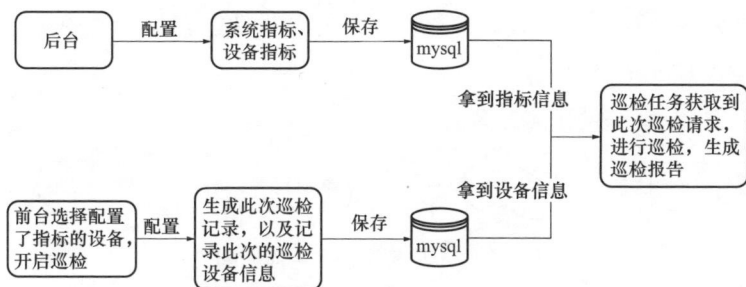

图 12-2　线上自动巡检业务流程图

2. 远程故障诊断需求

此模块功能主要是远程对 PCS 舱电气设备变工况在线异常辨识、变流器多远故障预判、PCS 电气设备重要告警信号校验，通过对测点数据分析并接入异常检测算法、故障预判算法完成故障诊断，实时展示结果，远程故障诊断需求业务流程如图 12-3 所示。

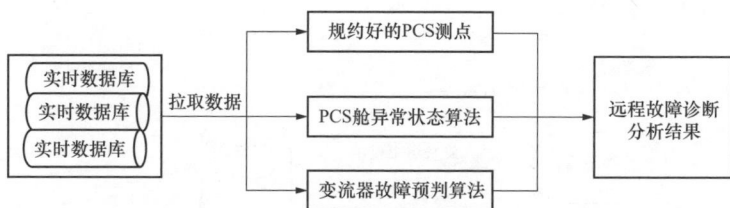

图 12-3　远程故障诊断需求业务流程图

3. 分析系统

此模块主要包括充放电过程分析、设备状态分析、电池簇电压和荷电状态正态分布、单体正态分布、单体温差分析、异常单体识别、一致性分析、平滑性分析功能，分析系统业务流程如图 12-4 所示。

图 12-4　分析系统业务流程图

4. 故障运维专家系统

此模块主要通过维护一套运维管理信息数据库表，来对电站设备产生的故障的处理方法给出参考意见。主要功能有故障运维库管理、新增故障运维条目、查看故障运维条目详情，以及 App 端运维人员对运维条目的修改维护，以及反馈等，故障运维专家系统业务流程如图 12-5 所示。

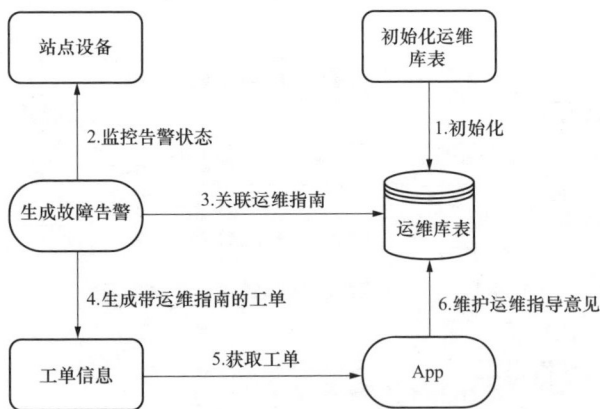

图 12-5　故障运维专家系统业务流程图

5. 站点概况

此功能在原有站点概况的基础上增加展示变配电损耗率和电池失效率实时数据展示，站点概况流程如图 12-6 所示。

图 12-6　站点概况流程图

6. SOC 标定需求

此功能主要是通过云端计算的 SOC 数据和实时的 BMS 上传的电堆、电池组、单体电池的 SOC 数据进行比对，并展示对比的结果数据，SOC 标定需求流程如图 12-7 所示。

图 12-7　SOC 标定需求流程图

12.1.4　系统性能要求

（1）响应指标要求，见表 12-2。

表 12-2　　　　　　　　响应指标要求

编号	项目内容	指标项目	考核指标	备注
1	性能指标	请求响应时间（s）	<1	请求后服务器开始返回数据时间
		并发用户数（个）	> 10000	
2	可靠性指标	系统可用率（%）	99.9	
		MTBF（h）	20000	系统平均故障间隔时间

（2）系统安全及保密要求，见表 12-3。

表 12-3　　　　　　　系统安全及保密要求

编号	项目内容	指标项目	考核指标	备注
1	系统安全	用户账户信息加密	用户密码加密	用户密码不可返回给前端展示
2	保密要求	算法不可泄漏	算法不可泄漏	
		项目文档不可泄漏	项目文档不可泄漏	

（3）系统备份与恢复要求。测点数据：缓冲存储时间大于 3 年；统计数据：保存时间大于 5 年。

（4）系统日志。日志主要记录的内容有用户账号、所属部门、IP 地址、操作内容、登录系统时间、退出系统时间、记录策略。

日志的保存时长应由系统的访问人数及操作的业务量决

定，日志信息一般要进行定期清除，当数据量大时应缩短清除间隔日期。

日志信息的内容是不允许一般用户查看的，主要由系统管理员通过菜单管理来设定和控制用户的访问权限。

12.2 外部接口说明

（1）公共端口。公共端口说明见表 12-4～表 12-6。

表 12-4　　　　　　　　公共请求数据

变量	类型	说明
Authorization	String	Token 令牌

表 12-5　　　　　　分页公共请求数据

变量	类型	说明
data	String	搜索关键字
pageNum	Integer	页码
pageSize	Integer	页面条数

表 12-6　　　　　　公共返回数据

变量	类型	说明
code	Integer	结果状态码
data	Object	数据
msg	String	返回信息（提示信息）
version	String	版本

（2）用户接口。本系统提供可视化的操作方式，不提供命令控制语句进行输入控制，从而用户只需要使用鼠标进行命令操作，使用键盘输入系统接收的参数。用户主要通过窗体、控件、对话框等可视化元素进行交互。输入输出界面接口操作内容见表 12-7。

表 12-7　　　　　　输入输出界面接口

模块名称	接口内容	输入参数	输出参数
线上自动巡检	系统指标查询	站点	指标类型、指标名称、单位、下限值、上限值
	系统指标构建	站点、系统指标、指标下限值、指标上限值	返回修改结果
	设备指标查询	站点、设备类型	模拟量：设备类型、指标类型、指标名称、单位、充电下限值、充电上限值、放电下限值、放电上限值、静置下限值、静置上限值；开关量：设备类型、指标名称、正常值
	设备指标构建	站点 id：（1）模拟量：设备类型、指标类型、指标名称、充电下限值、充电上限值、放电下限值、放电上限值、静置下限值、静置上限值。（2）开关量：设备类型、指标名称、正常值	返回修改结果

续表

模块名称	接口内容	输入参数	输出参数
线上自动巡检	开始巡检	设备类型	无
	历史巡检记录	日期范围、电站状态、巡检记录名称	多条巡检记录信息：巡检时间、状态、名称
	巡检报告	巡检报告 id	巡检时间、状态、名称、总指标数、异常指标数、巡检项信息
远程故障诊断	远程故障诊断	站点 id	各 PCS 的名称、工作状态、并网状态、设备状态、三线交流线电压、三线交流线电流、交流母线过压告警、交流母线欠压告警、交流母线过流告警、通信状态、PCS 舱状态、变流器状态、PCS 舱电气设备工况、变流器故障预判情况
分析系统	充放电过程分析	选择电堆 / 电池组，日期	电压、电流、SOC
	设备分析——PCS	选择设备	工作状态、通信状态、故障告警状态、变流器状态；今日的 PCS 功率、交流电压、交流电流、频率、直流电压、直流电流
	设备分析——BMS	选择设备	通信状态、故障告警状态；今日的电压、电流，SOC
	设备分析——空调	选择设备、温度上限、温度下限	运行桩体、通信状态、故障告警状态、今日温度曲线
	电池簇电压和荷电状态正态分布	电池组编号	电压－簇分布柱状图、SOC-簇分布柱状图

模块名称	接口内容	输入参数	输出参数
分析系统	单体正态分布	电池组编号	单体编号、单体电压/温度正态分布图
	单体温差分析——温度变化速度	单体编号、起止时间	单体在时间区间内每分钟的温度变化量
	单体温差分析——温差	电池组编号、起止时间	组内在每分钟单体温度最大值和最小值的差值
	单体温差分析——绝对温差分布	电池组编号、时刻	一个组内各个单体在此刻和设定的标准温度的差值
	异常单体识别	电池组编号、起止时间	电池组电压、电池组 SOC、电池组电压标准差、电池组 SOC 标准差
	一致性分析	电池组编号、日期、时刻	电池组电压标准差、电池组平均电压、单体编号、单体电压、单体电压与平均电压的差值、单体一致性
	一致性评价标准设置	一致性标准挡位数值	返回修改结果
	平滑性分析	选择电堆/电池组/单体	功率、电池堆电压、电池堆电流、电池堆 SOC、簇电压、簇电流、簇 SOC、单体电压、单体温度
		输入阈值	返回修改结果

表 12-8　　　　　　　线上巡检模块输入数据

字段	类型	说明
stationId	integer	站点 id

输出数据，见表 12-9。

表 12-9　　　　　　　线上巡检模块输出数据

字段	类型	说明
id	integer	系统指标配置 id
pointerName	string	指标名称
pointerType	string	系统类型
patrolTypeId	integer	系统指标类型 id
unit	string	单位
maxValue	double	上限值
minValue	double	下限值

功能描述：此模块的主要功能是对电站的设备进行数据分析，通过指标的设定，配置所需要巡检的设备，然后对电站的设备进行数据判断，检查出设备的指标是否处于正常区间范围内。指标主要分为系统指标和设备指标两部分。记录巡检结果并生成报告。

12.3.2　远程故障诊断模块

输入数据，见表 12-10。

续表

模块名称	接口内容	输入参数	输出参数
故障运维专家系统	新增故障运维条目	故障表现、可能原因、后果影响、检查步骤、处理方法、关联告警	返回新增结果
	查看故障运维专家库	无	故障表现、可能原因、后果影响、检查步骤、处理方法
	故障运维条目详情	故障运维条目	故障表现、可能原因、后果影响、检查步骤、处理方法、关联告警
	故障运维指导	告警名称	故障表现、可能原因、后果影响、检查步骤、处理方法
	反馈	工单号，详细描述	返回提交结果
站点概况	站点概况	站点 id	变配电损耗率、电池失效率
SOC 标定	SOC 标定	选择电堆/电池组；输入差值范围	电堆/电池组/单体的采集 SOC、云计算 SOC、二者差值

（3）外接端口。无。

（4）内接端口。参考现有系统。

12.3　系统模块可视化

12.3.1　线上巡检模块

输入数据，见表 12-8。

字段	类型	说明
communication_status	integer	通信状态
pcs_status	integer	PCS 状态
converter_status	integer	变流器状态
pcs_device_info	integer	PCS 舱电气设备工况
judge_basis	string	判断依据
coverter_fault_judge	string	变流器故障预判

可视化页面，见图 12-8。

图 12-8　远程故障诊断模块可视化界面

功能描述：此模块功能主要是远程对 PCS 舱电气设备变工况在线异常辨识、变流器多远故障预判、PCS 电气设备重要

表 12-10　　　远程故障诊断模块输入数据

字段	类型	说明
station_id	integer	站点 id
List<RemoteFaultJudge>	integer	站点 id

输出数据，见表 12-11。

表 12-11　　　远程故障诊断模块输出数据

字段	类型	说明
device_name	string	设备名称
work_status	integer	工作状态
network_status	integer	并网状态
device_status	integer	设备状态
ab_ac_voltage	double	AB 交流线电压
bc_ac_voltage	double	BC 交流线电压
ca_ac_voltage	double	CA 交流线电压
ab_ac_current	double	AB 交流线电压
bc_ac_current	double	BC 交流线电压
ca_ac_current	double	CA 交流线电压
ac_bus_overvoltage	integer	交流母线过压
ac_bus_undervoltage	integer	交流母线欠压
ac_bus_overcurrent	integer	交流母线过流

可视化页面，见图 12-9~ 图 12-11。

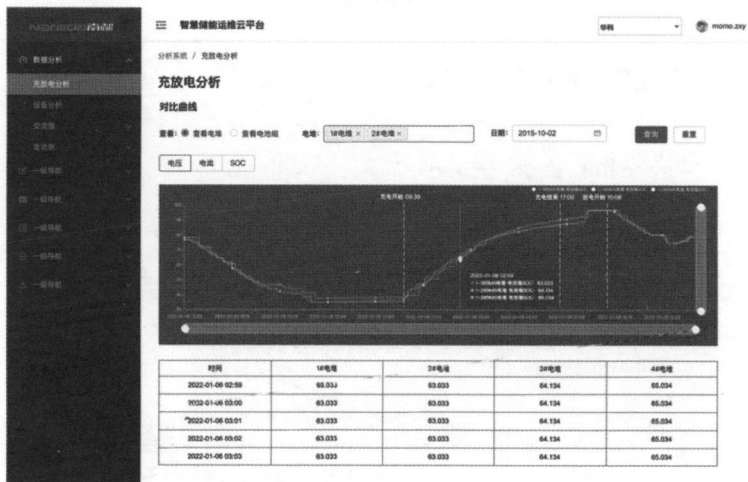

图 12-9　分析系统模块可视化界面（1）

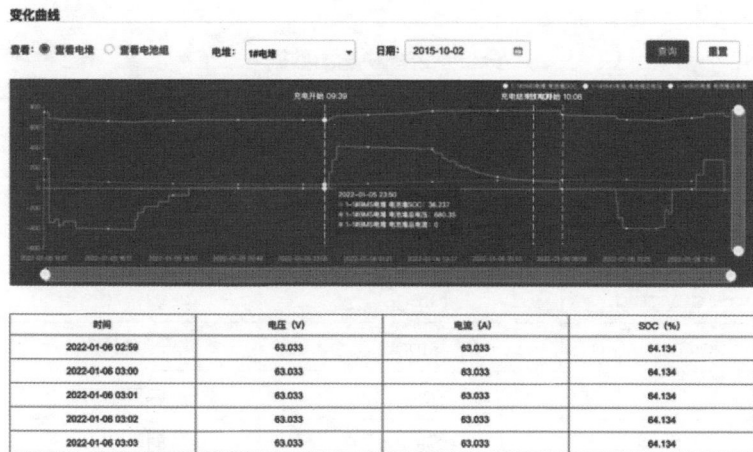

图 12-10　分析系统模块可视化界面（2）

告警信号校验，通过对测点数据分析并接入异常检测算法、故
障预判算法完成故障诊断，实时展示结果。

12.3.3　分析系统模块

输入数据，见表 12-12。

表 12-12　　　　分析系统模块输入数据

字段	类型	说明
stationId	integer	站点 id
queryDate	string	查询日期
deviceType	integer	查询设备类型
deviceIdList	List\<integer\>	查询设备 id 列表

输出数据，见表 12-13。

表 12-13　　　　分析系统模块输出数据

字段	类型	说明
voltageList	List\<DeviceDataCurve\>	电压数据列表对象
socList	List\<DeviceDataCurve\>	soc 数据列表对象
currentList	List\<DeviceDataCurve\>	电流数据列表对象
deviceId	integer	设备 id
deviceName	string	设备名称
dataCurveList	List\<PointCurve\>	曲线数据对象
time	String	时间点
value	Double	数据值

［D］.郑州大学，2020.

［12］冯旭宁.车用锂离子动力电池热失控诱发与扩展机理、建模与防控
［D］.北京：清华大学，2016.

［13］李首顶，李艳，田杰，等.锂离子电池电力储能系统消防安全现状
分析［J］.储能科学与技术，2020，9（05）：1505-1516.

［14］曹文炅，雷博，史尤杰，等.韩国锂离子电池储能电站安全事故的
分析及思考［J］.储能科学与技术，2020，9（05）：1539-1547.

［15］赖铱麟，杨凯，刘皓，等.锂离子电池安全预警方法综述［J］.储
能科学与技术，2020，9（06）：1926-1932.

［16］廖正海，张国强.锂离子电池热失控早期预警研究进展［J］.电工
电能新技术，2019，38（10）：61-66.

［17］Raghavan A, Kiesel P, Sommer L W, et al. Embedded fiber—optic
sensing for accurate internal monitoring of cell state in advanced battery
management systems part 1: Cell embedding method and performance
［J］. Journal of Power Sources, 2017, 341: 466-473.

［18］王春力，贡丽妙，亢平，等.锂离子电池储能电站早期预警系统研
究［J］.储能科学与技术，2018，7（06）：1152-1158.

［19］杜炜凝，周杨，于晓蒙，等.基于锂离子电池储能系统的消防安全
技术研究［J］.供用电，2020，37（02）：34-40.

［20］李建林，谭宇良，周喜超，等.国内外电化学储能产业消防安全标
准对比分析［J］.现代电力，2020，37（03）：277-284.

［21］胡玉霞，赵光金.锂离子电池在储能中的应用及安全问题分析
［J］.电源技术，2021，45（01）：119-122.

［22］王久平.及时应对储能安全风险挑战——从"4·16"北京丰台供
电公司火灾事件说起［J］.中国应急管理，2021（05）：10-13.

参考文献

[1] 何颖源，陈永翀，刘勇，等．储能的度电成本和里程成本分析 [J]．电工电能新技术，2019，38（09）：1-10．

[2] 刘英军，刘亚奇，张华良，等．我国储能政策分析与建议 [J]．储能科学与技术，2021，10（04）：1463-1473．

[3] 徐谦，孙轶恺，刘亮东，等．储能电站功能及典型应用场景分析 [J]．浙江电力，2019，38（05）：3-10．

[4] 张文建，崔青汝，李志强，等．电化学储能在发电侧的应用 [J]．储能科学与技术，2020，9（01）：287-295．

[5] 李建林，李雅欣，周喜超．电网侧储能技术研究综述 [J]．电力建设，2020，41（06）：77-84．

[6] 沈汉铭，俞夏欢．用户侧分布式电化学储能的经济性分析 [J]．浙江电力，2019，38（05）：50-54．

[7] 孙玉树，杨敏，师长立，等．储能的应用现状和发展趋势分析 [J]．高电压技术，2020，46（01）：80-89．

[8] 何姣，严彩霞，潘小飞．我国电池储能电站发展的现状、问题及建议 [J]．中国电力企业管理，2021（07）：55-58．

[9] 惠东，高飞，杨凯，等．锂离子电池安全防护技术专利分析 [J]．高电压技术，2018，44（01）：106-118．

[10] 梅简，张杰，刘双宇，等．电池储能技术发展现状 [J]．浙江电力，2020，39（03）：75-81．

[11] 郑志坤．磷酸铁锂储能电池过充热失控及气体探测安全预警研究

表 12-14　　故障运维专家系统模块输出数据

字段	类型	说明
faultPerformance	string	故障表现
possibleCause	string	可能原因
consequences	string	后果影响
checkSteps	string	检查步骤
handleMethod	string	处理办法

可视化页面，见图 12-12~ 图 12-15。

图 12-12　故障运维专家系统模块可视化界面（1）

功能描述：此模块主要通过维护一套运维管理信息数据库表，来对电站设备产生的故障的处理方法给出参考意见。主要功能有故障运维库管理、新增故障运维条目、查看故障运维条目详情，以及 App 端运维人员对运维条目的修改维护，以及反馈等。

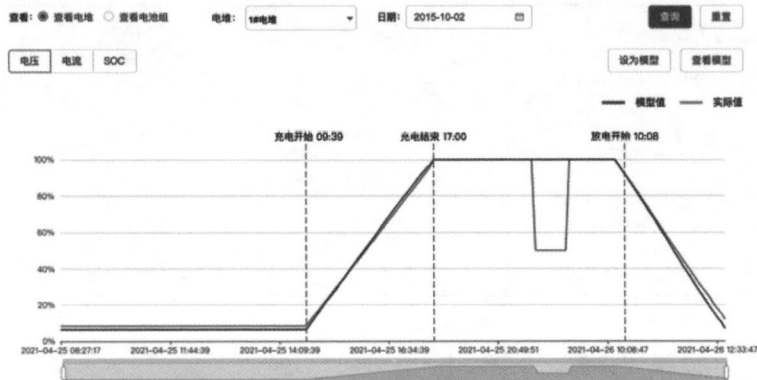

图 12-11 分析系统模块可视化界面（3）

功能描述：此模块主要包括充放电过程分析、设备状态分析、电池簇电压和荷电状态正态分布、单体正态分布、单体温差分析、异常单体识别、一致性分析、平滑性分析功能。

12.3.4 故障运维专家系统模块

输入数据：标准请求体。

输出数据，见表 12-14。

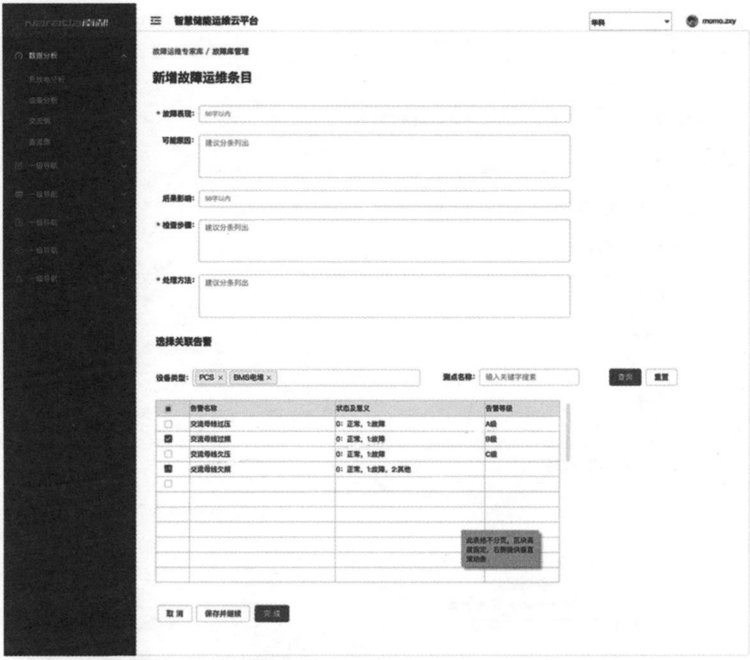

图 12-13　故障运维专家系统模块可视化界面（2）

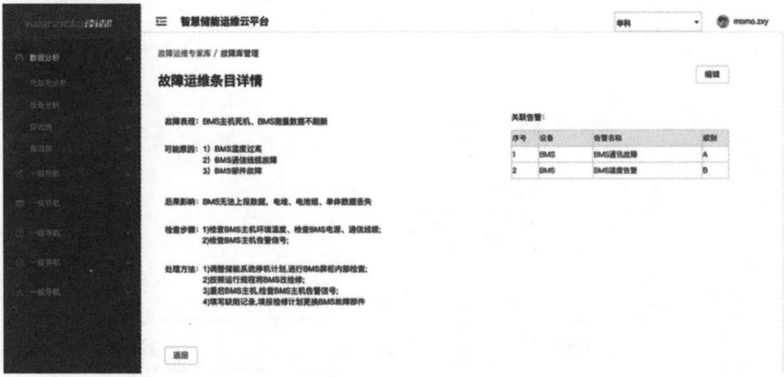

图 12-14　故障运维专家系统模块可视化界面（3）

图 12-15　故障运维专家系统模块可视化界面（4）

12.3.5　站点概况模块

输入数据，见表 12-15。

表 12-15　　　　　站点概况模块输入数据

字段	类型	说明
stationId	integer	站点 id

输出数据，见表 12-16。

表 12-16　　　　站点概况模块输出数据

字段	类型	说明
transfLossRate	double	变配电损耗率
batteryFailureRate	double	电池失效率

可视化页面，见图 12-16。

图 12-16　站点概况模块可视化界面

功能描述：此功能在原有站点概况的基础上增加展示变配电损耗率和电池失效率实时数据展示。

12.3.6　SoC 标定模块

输入数据，见表 12-17。

表 12-17　　　　SoC 标定模块输入数据

字段	类型	说明
stationId	integer	站点 id
deviceTypeId	integer	设备类型 id
deviceIdList	List<integer>	设备 id 列表
thresholdValue	double	阈值绝对值

输出数据，见表 12-18。

表 12-18　　　　　SoC 标定模块输出数据

字段	类型	说明
computationTime	string	计算时间
deviceCompInfoList	List<DeviceCompInfo>	设备计算结果信息列表
deviceName	string	设备名称
socValue	double	采集 SOC
compSocValue	double	云计算 SOC
differenceValue	double	差值

功能描述：此功能主要是通过云端计算的 SOC 数据和实时的 BMS 上传的电堆、电池组、单体电池的 SOC 数据进行比对，并展示对比的结果数据。